EXAMEN MÉDICAL

DES SYMPATHIES.

PARIS, DE L'IMPRIMERIE DE LEBEL, IMPRIMEUR DU ROI,
rue d'Erfurth, n° 1.

EXAMEN

MÉDICAL

DES SYMPATHIES,

OU

EXPLICATION PHYSIOLOGIQUE

SUR LA VALEUR DE CE MOT;

PAR CHRISTOPHE-D. LAMBERT,

CHIRURGIEN INTERNE DES HÔPITAUX DE PARIS.

Ubi stimulus, ibi fluxus.
HIPP.

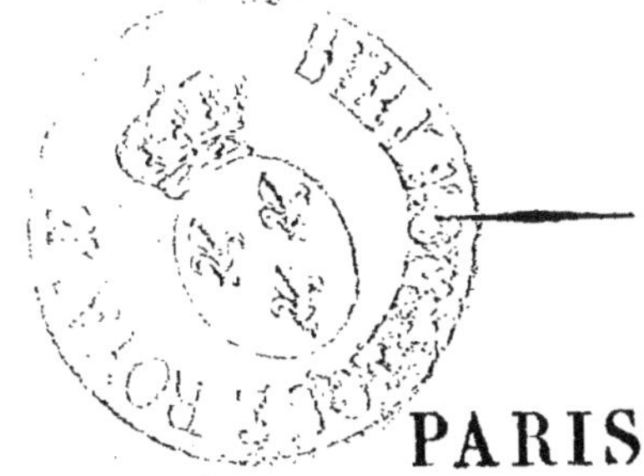

PARIS,

BÉCHET JEUNE,

LIBRAIRE DE L'ACADÉMIE ROYALE DE MÉDECINE,

PLACE DE L'ÉCOLE DE MÉDECINE, N° 4.

1825.

A MON PÈRE.

N'EST-CE pas auprès de vous, sous vos
auspices, et dans vos leçons que j'ai puisé
les premières notions de la médecine ? N'est-
ce pas vous qui n'avez cessé de m'encoura-
ger dans la plus noble des professions , et

qui m'avez inspiré le désir de contribuer à ses progrès?

A ces titres! comme votre disciple, je place mon travail sous votre protection!

Puissé-je, comme fils, par cet acte solennel, payer une partie du tribut de ma reconnaissance!

CH. LAMBERT.

PRÉFACE.

L'ORIGINE du mot *sympathie* est aussi
ancienne que la médecine; il ne fallait,
en effet, n'avoir vu qu'un malade pour
ne pas être étonné des phénomènes sans
nombre qui s'offrent dans le cours d'une
affection pathologique. Aussi est-ce le
père de la médecine qui a été le premier
à consacrer ce mot pour expliquer les
rapports des organes. Presque tous les
savans qui lui ont succédé ont conservé
cette dénomination : quelques-uns, tels
que Vanhelmont, Baglivi, Réga, Whyth,
Hunter, Barthez, Bordeu, Bichat, MM.
Roux, Broussais, etc. s'en sont occupés
d'une manière spéciale; mais il faut con-
venir, malgré leurs efforts, que nous ne
savons rien de précis sur la sympathie,

et que la définition qu'en a donnée Bichat, est telle aujourd'hui qu'elle existait du temps d'Hippocrate. (Mot heureux qui sert de voile à notre ignorance sur le rapport des organes entre eux.)

La route qu'ont prise ces savans pour tirer le voile qui couvre les rapports des organes, a toujours été la même ; tous ont voulu découvrir à la faveur du scalpel, quel était le lien qui unissait les viscères entre eux ; tous, en prenant pour guide de leurs recherches une simple marche anatomique , sont tombés dans la même erreur (1).

(1) 1° *Par communication nerveuse* , Ettmuller , Willier , Vieussens , Frédéric , Hoffmann , Réga , Haller, Barthez , Bell , Dumas. M. Broussais (*Examen de la doctrine médicale* , page 440) dit : « Point « de sympathie sans nerfs , voilà ma profession de « foi. »

2° *Par influence intermédiaire du cerveau* , Astruc, Haller, Wicht , Monro , Saemering ; Dumas.

3° *Par anastomose des vaisseaux* , Haller, Barthez , Dumas.

C'est après avoir médité long - temps leurs travaux, c'est après avoir fait des sympathies une étude particulière, que je me suis convaincu que leur explication reposait entièrement sur la physiologie, la pathologie, et l'anatomie pathologique.

En composant un ouvrage d'une aussi haute importance, j'ai eu pour but de rendre non-seulement intelligible le mot de *sympathie;* mais de plus, de faire servir cette explication à l'avantage du diagnostic et de la thérapeutique des maladies.

Devenant par-là d'une nécessité indispensable à l'instruction du médecin praticien, nous pouvons établir, d'après l'opinion émise par M. Monfalcon, dans le Dictionnaire des Sciences médicales, *que*

4° *Par continuité des membranes*, Frédéric, Hoffmann, Réga, Haller, Barthez, Dumas.

5° *Par continuité du tissu cellulaire*, Haller, Barthez, Bordeu, Dumas.

la connaissance des sympathies est le fondement de la médecine.

Si par exemple, chez l'ambitieux, vous cherchez à diminuer le volume du foie en l'inondant de boisson, en le gorgeant de sangsues, vous détruirez ses forces physiques; mais le mal persistera, parce que vous n'aurez pas adressé vos médicamens à l'organe malade.

Un homme a le satyriasis, une femme la nymphomanie; croyez-vous les guérir en traitant les parties génitales ? Non ; comme l'a démontré M. Gall, elles sont sous la dépendance du cervelet, c'est lui qui est le siége de l'amour; et lorsque cette passion sera trop exaltée, c'est vers lui que l'on tournera tous les moyens thérapeutiques.

M. Monfalcon, ayant donné dans le *Dictionnaire des Sciences médicales,* une histoire très-détaillée des sympathies, j'ai suivi pour les expliquer la même marche qu'il a mise à les tracer.

Je traite successivement celles du cerveau, du cervelet, de la moelle épinière, des sens, des tissus, des organes, et je termine par la solution de la question suivante : Comment les médicamens reçus dans l'estomac peuvent transmettre sur les divers points de l'économie animale les vertus ou propriétés dont ils sont doués ?

En feuilletant les divers auteurs qui se sont occupés de l'objet de mon ouvrage, j'ai moins cherché à compiler qu'à m'assurer s'ils n'avaient pas présenté quelques points de ma doctrine ; aussi me suis-je moins attaché à briller par l'érudition qu'à démontrer par des observations exactes la connaissance du *concensus* des organes dans leur état normal et pathologique.

Si je suis assez heureux que mon travail soit accueilli d'une manière favorable, je le dois au zèle infatigable des professeurs de cette école , qui reculent journellement les limites de l'anatomie et de la physiologie , vraies boussoles des sciences médicales , sans les notions desquelles il ne peut exister de véritable médecin.

EXAMEN

MÉDICAL

DES SYMPATHIES,

OU

EXPLICATION PHYSIOLOGIQUE

SUR LA VALEUR DE CE MOT.

~~~~~~

SYMPATHIES MORALES.

Rapports cachés qui rapprochent les hommes, et des disconvenances qui les éloignent.

On est étonné de voir dans la société ce consensus, cet accord qui nous lie presque instantanément à la première personne que le hasard place sous nos yeux. En effet, cette liaison qui a lieu de vous surprendre, n'a pas été faite fortuitement, une circonstance inattendue a pu la favoriser ; mais sachez bien que l'homme médite presque sans s'en douter de trouver dans un autre lui-même ses goûts, ses penchans, ses

1.
~~~~~~

défauts, ses caprices; et comme d'après Dupaty (1), l'homme extérieur n'est que la saillie de l'homme intérieur, il lit sur toutes les physionomies, consulte, examine toutes les figures, jusqu'à ce qu'il reconnaisse dans les traits d'un autre le portrait de toutes ses inclinations; celui-là, dis-je, sera son ami, il le suivra en tout lieu, deviendra le compagnon de ses plaisirs, de sa fortune, partagera avec lui toutes ses disgrâces; le rendra dépositaire de tous ses secrets, comme de toutes ses actions. Il n'y a dans ce phénomène, dans cette liaison, rien de caché; on ne fait pas de prime abord un ami sans penser, sans réfléchir; et si on rencontre dans le monde tant de fourbes, tant d'hypocrites, c'est que l'opinion de Dupaty n'est pas toujours vraie: on sait que l'homme peut, sous de beaux dehors, cacher l'âme la plus noire et les vices les plus affreux. Aussi, d'après la belle maxime de Socrate, *le nom d'ami est commun, mais la fidélité est rare.*

Dans les liens qui nous attachent à la femme, le plus impérieux est, sans contredit, celui de l'amour : ce sentiment peut être envisagé de deux manières : l'une est l'amour physique et la

(1) Trente-troisième lettre sur l'Italie.

seconde l'amour moral. Le premier est subordonné à nos besoins, l'autre est le résultat de la réflexion. Dans l'amour physique, on ne cherche qu'à satisfaire sa passion qui s'éteint avec elle ; dans l'amour moral, on aime long-temps, on s'attache sincèrement, parce qu'on a étudié les mœurs, le caractère et les qualités de celle qui devait fixer notre cœur.

Les disconvenances qui nous éloignent les uns des autres, sont basées sur les mêmes principes ; il y a, dans les figures, des traits qui nous attachent, d'autres qui nous déplaisent ; on peut rapporter cette pensée aux personnes comme aux choses ; les goûts varient à l'infini, et c'est là-dessus qu'est basée presque toute l'industrie commerciale. Si on me demande l'essence de ce phénomène, je répondrai comme Bichat : « là où les sens ne nous conduisent pas, hypothèse. » Contentons-nous de savoir que les rapports cachés qui rapprochent les hommes, et les disconvenances qui les éloignent, sont le résultat de la réflexion, que c'est le cerveau qui préside à ce phénomène, que tous les accidens qui dépendront de la bizarrerie des goûts devront être rapportés à l'organe de la pensée. Aujourd'hui que nous sommes éclairés par le flambeau de l'anatomie pathologique, on voit peu à peu disparaître le groupe des affections nerveuses, il n'y a de malades que les organes (1), c'est vers eux que le médecin doit tourner toute son attention; c'est de leurs fonctions comme de leurs altérations que j'ai tiré la connaissance de toutes les sympathies.

Des passions.

Comment pourra-t-on calculer les effets des passions, si on ne connaît pas la source d'où elles viennent, l'organe qui les engendre? Embrasserons-nous l'opinion de M. Caillot (2), qui dit : qu'importe d'ailleurs à leur étude et à la pratique de la médecine, qu'on établisse leur siége dans le cœur avec les philosophes grecs, dans l'estomac avec Bâcon et Vanhelmont, dans le plexus solaire avec plusieurs médecins de Montpellier et Lecat; dans le cerveau et les ganglions, avec d'autres physiologistes. Ce raisonnement n'est pas celui d'un homme qui veut contribuer aux progrès de son art. Où tendent toutes les recherches pathologiques et les expériences phy-

(1) J'indique ici spécialement les solides, parce que les diverses affections des fluides se présentent beaucoup plus rarement aux recherches des praticiens.

(2) *Pathologie générale et physiologie pathologique,* tome premier.

siologiques, si ce n'est à reconnaître le siége spécial des maladies ? Les passions, qui vulgairement signalent l'état de calme ou d'oppression où se trouve nôtre âme, deviennent par leur exaltation la cause, le germe et le principe d'une foule d'altérations.

On a osé avancer que les organes des sens communiquaient la cause des passions, mais qu'ils ne participaient nullement à l'effet, non plus que le cerveau. C'est le cas de répondre à ceux qui ont proposé cette théorie, qu'ils ont senti le vrai, mais que le vrai leur a échappé.

Toutes les passions, de quelle nature qu'elles soient, n'ont-elles pas leur siége au cerveau, ne résident-elles pas à la masse encéphalique ? Les sens ne sont que les agens de transmission, c'est sur eux que se fait l'impression, c'est l'organe de la pensée qui la perçoit. N'a-t-on pas pris l'effet pour la cause, lorsqu'on a dit que le cœur était le siége de la colère; parce que ceux qui avaient cet organe très-développé étaient plus portés à cette passion ? C'est vrai que le cœur entretient des rapports physiologiques avec le cerveau; que plus ce dernier sera excité par le sang, plus ses fonctions s'exalteront; mais il n'est pas dit pour cela que la colère réside à l'organe circulatoire; si le cerveau n'avait pas perçu l'impression de la cause qui la fait soulever, tous les effets de la fureur seraient restés nuls.

Voyez l'ambitieux, toujours dévoré par la soif des grandeurs et des richesses; il mange avec voracité, l'estomac appelle continuellement une plus grande quantité de fluide biliaire; le foie, pour répondre aux dépenses stomacales, est forcé d'augmenter de volume; voilà ce qui a fait dire que l'ambition avait son domicile dans le foie.

On verra dans le cours de mon ouvrage, que dès qu'un viscère est en exercice, il attire toutes les impressions faites sur le corps; ainsi le centre épigastrique est souvent pris pour être le siége de la terreur, l'effroi, la tristesse, parce que ces affections sont survenues pendant le travail digestif.

Ce qui prouve, en dernière analyse, que le cerveau est le centre spécial des passions, c'est qu'elles cessent d'exister dès que ses fonctions sont suspendues; et bien plus, l'idiot, qui a les facultés intellectuelles oblitérées, ne connaît ni l'amour, ni la colère, ni l'ambition, ni la crainte; il a cependant tous les viscères de la vie inté- rieure; ses fonctions digestives, respiratoires, circulatoires, etc. se remplissent parfaitement,

et on ne le voit jamais ni se plaindre , ni languir, ni soupirer; parce que sa vie est presque
semblable à celle des végétaux; en effet comme
eux il n'a point de centre de sensation.

De même que nous ignorons quelle est la partie du cerveau qui préside au jugement , à la
mémoire, à l'imagination , nous ne savons pas
non plus celle qui a été départie aux passions.

Je sens que cet article, pour entraîner la con-
viction dans l'esprit de mes lecteurs , aurait besoin d'être appuyé d'un plus grand nombre
d'argumens , si le docteur Gall , M. Legallois ,
et quelques autres physiologistes modernes n'a-
vaient donné à cette pensée toute la force de
raisonnement dont ils étaient capables.

Examinons quels sont les troubles sympathiques que les passions engendrent dans l'économie
animale. Je les diviserai en trois sections. Je con-
sidérerai d'abord les passions qui augmentent les
forces vitales , celles qui les ralentissent , enfin
celles qui peuvent tour à tour les augmenter ,
les diminuer et les éteindre.

Déterminer comment la joie, le courage, l'espérance et
l'amour augmentent l'activité organique?

La joie, le courage, l'espérance et l'amour

exaltent, comme on dit, les propriétés vitales, en appelant vers le cerveau une quantité de sang plus considérable, c'est l'axiome de *ubi stimulus, ibi fluxus* : la moindre irritation , soit physique , chimique ou vitale, détermine le même phénomène sur l'endroit du corps où elle est portée : aussi la figure, qui est le miroir de nos sensations, est-elle plus colorée, les yeux sont plus animés , leurs muscles se contractent avec plus d'activité; de là naît la sécrétion plus active des glandes lacrymales et l'épanchement des larmes sur les joues ; l'élévation de la lèvre supérieure, le canin, le grand et le petit zygomatiques donnent, en se contractant, à la physionomie, cette expression douce , agréable et riante qui dépeint parfaitement la légère émotion qu'éprouve notre âme. Les choses en restent là, si l'impression perçue par le cerveau est modérée ; mais si par contraire elle est forte et vive, toute l'économie participe à l'énergie vitale de l'organe de la pensée; l'action pulmonaire est augmentée; le cœur palpite; l'estomac, les intestins, les reins, la menstruation, suspendent momentanément leurs fonctions, comme pour ne s'occuper que de l'organe dont les propriétés vitales sont exaltées; les sécrétions sont également activées, de là l'abondance de la transpi-

ration. Tout s'émeut, tout s'agite, tout trem-
blote dans la joie; l'énergie musculaire est un
peu plus augmentée dans le courage; dans l'espérance tout est tellement concentré vers le cerveau que la vie semble ne plus exister que pour
lui; aussi lorsque l'objet désiré est arrivé, la
joie remplace l'espérance, la réaction s'opère
et l'équilibre se rétablit. Dans l'amour tout se
passe comme dans la joie, il y a de plus excitation et orgasmes dans les organes génitaux. On
me demandera pourquoi, dans les diverses émotions que je viens de parcourir, si l'excitation
cérébrale est la même, pourquoi chez chacune
d'elles ne voit-on pas survenir les mêmes phénomènes? Si j'ai avancé que dans la joie il
y avait excitation générale; dans l'espérance
suspension momentanée de toutes les fonctions;
dans le courage énergie musculaire; dans l'a-
mour énergie des organes génitaux; je répondrai, que d'après le système de M. Gall, chaque
partie du cerveau n'ayant pas la même organisation, suivant celle qui sera affectée, suscitera,
non pas sympathiquement, mais par un rapport
direct et physiologique, des effets variés. Ce
trouble de l'économie animale qui se manifeste
dans les émotions que je viens de dépeindre;
cet état d'insurrection où sont tous les viscères,

1.

demandent de la part de celui qui les éprouve, de la prudence et de la circonspection, sans quoi une foule de dérangemens organiques peuvent se présenter. Qu'une personne qui est dans la joie mange, elle vomit; qu'elle s'expose à l'impression de l'air frais, la plèvre ou les poumons vont s'enflammer; si elle a ses menstrues, l'utérus deviendra à son tour centre de fluxion. Je pourrais faire naître autant de maladies qu'il y a d'organes; mais c'en est assez dans ce chapitre pour prouver que les phénomènes qui surviennent dans l'ordre physiologique ou pathologique n'ont rien de sympathique.

Comment la tristesse, la crainte et la haine diminuent l'activité organique?

Plus un organe est délicat dans sa structure et compliqué dans ses fonctions, plus ses lésions sont graves et fréquentes; le cerveau sous ce rapport est celui qui mérite le plus l'attention du médecin physiologiste. La crainte, la tristesse, la haine, sont comme la joie, l'espérance, etc. des affections morales; mais elles n'agissent pas sur le cerveau de la même manière; ces dernières, c'est en augmentant l'activité circulatoire, en appelant vers l'organe de la pensée une plus grande quantité de sang, tandis que les autres

n'opèrent que sur la pulpe ou les fibres qui composent la masse cérébrale : dans les unes tout
est sanguin, tout est marqué par un surcroît de
forces et d'énergie; dans les autres au contraire
tout est nerveux, l'affection morale s'irradie
jusqu'à la moelle épinière ; aussi celui qui est
dans la crainte devient pâle, ses muscles sont le
plus souvent dans un état convulsif, la respiration s'accélère par les contractions réitérées des
intercostaux et du diaphragme, les jambes fai-
blissent et se dérobent (comme on dit) sous nous;
la vessie et le rectum, qui sont dans une espèce
de demi-paralysie, laissent échapper leurs fluides
excrémentiels : tel est le résultat de la crainte
si elle est portée à un degré assez élevé. Les effets de la tristesse sont plus lents, et peuvent
par cela même devenir plus dangereux ; ainsi
lorsqu'une cause morale nous fait fortement impression, son souvenir nous suit en tout lieu ;
absorbés par cette unique pensée, nous oublions
le sommeil, nous perdons l'appétit, toutes les
parties qui sont sous le domaine du centre de la
vie de relation sont frappées de stupeur et d'a-
tonie; voilà pourquoi les larmes coulent, la voix
s'affaiblit, les muscles ne peuvent se contracter,
une faiblesse générale s'empare de nous : dans
cet état si nous voulons manger, l'estomac peu

propre à agir sur les alimens s'irrite, se soulève; on a des rapports, des angoisses, des malaises; dans d'autres circonstances ce sont les intestins qui, n'ayant pu travailler sur la pulpe alimentaire, détermineront des coliques, le dévoiement, la constipation. En général, quoique l'altération première vienne du cerveau, si elle n'enchaîne pas à elle seule le principe vital, c'est l'organe qui d'après la constitution de l'individu exercera par son développement une prépondérance sur les autres viscères, ou bien celui qui aura été affaibli par quelque maladie, ou bien encore celui qui sera dans l'exercice de ses fonctions, qui auront, dis-je, le plus de propension à s'altérer. Ce point de doctrine est si vrai, qu'il fera dans le cours de mon travail le fondement de mes explications. L'exemple suivant sert à le confirmer.

Un homme de trente-quatre ans entre à l'Hôtel-Dieu pour y être traité d'une douleur rhumatismale à l'articulation fémoro-tibiale droite : plusieurs moyens sont employés infructueusement. En le pansant d'un vésicatoire qu'on avait mis au genou malade, il me dit qu'on pouvait guérir sa jambe, mais qu'il n'en serait pas de même de son esprit. Cherchant à pénétrer la cause de sa plainte, j'appris que, par suite d'une chute survenue à l'âge de vingt-deux ans, il avait eu un gonflement énorme au même genou, où il s'était formé plusieurs abcès; qu'après avoir gardé dix-huit mois le lit pour la cure de cet accident, il avait enfin guéri, conservant cependant de la faiblesse à la même partie. Un fils, objet de son espoir et de sa tendresse, meurt: à la suite de son affliction, des douleurs intolérables se font sentir au genou : il entre à l'Hôtel-Dieu; on le traite pour une douleur rhumatismale, la cause de son chagrin subsiste, l'appétit est complétement perdu, les autres fonctions s'altèrent, et deux mois après il expire. On cherche inutilement la cause de sa mort dans une gastro-entérite, on ne la trouva que dans une mollesse remarquable des tubercules quadrijumeaux, et six onces de sérosité renfermée dans les ventricules.

La haine ne provient-elle pas d'une impression grave et profonde faite sur la substance cérébrale; n'est-elle pas une plaie suscitée par l'antipathie que l'on a contre une personne? Si elle persiste, ne peut-elle pas entraîner de très-grands désordres? Comme la tristesse, la haine ne peut-elle pas miner sourdement les jours de l'individu? Cherchera-t-on son siége ailleurs qu'au cerveau? n'est-ce pas vers lui que l'on dirigera tous les moyens thérapeutiques ? Tous les troubles, toutes les lésions qui surviendront dans l'économie, ne dépendront-ils pas des liens physiologiques qu'il entretient avec tous les organes ? Ainsi la crainte, la tristesse et la haine ne diminuent l'activité organique qu'en engourdissant quelques portions de la pulpe cérébrale.

Comment l'ambition, la colère, le désespoir, la pitié, peuvent-elles augmenter, diminuer ou abattre les forces vitales ?

Les diverses émotions cérébrales que je viens de parcourir produisent chacune dans leur genre des effets à peu près fixes et invariables ; celles dont nous allons nous occuper offrent des modifications, et agissent ordinairement d'une manière beaucoup plus vive et plus impétueuse : aussi méritent-elles à bien plus d'égard le nom de passions que les philosophes leur ont consacré. Je me dispense de les parcourir toutes en particulier, attendu que les nuances qu'elles peuvent revêtir sont toujours, en dernière analyse, le résultat de l'ambition, la colère, le désespoir et la pitié.

On peut les diviser en deux classes : les unes, telles que l'ambition et la colère, augmentent l'activité du système circulatoire ; et les autres, telles que le désespoir et la pitié, paralysent l'action cérébrale.

L'ambition est susceptible de revêtir tour à tour les formes de la joie, l'espérance, la colère et le désespoir. L'homme ambitieux dont la fortune sourit à ses caprices est joyeux, ses yeux sont animés, ses joues colorées, le souris est sur ses lèvres : son cerveau toujours tendu a besoin, pour réparer les pertes qu'il fait, d'augmenter les élémens de sa nutrition ; aussi tout est marqué par un surcroît de forces et d'énergie circulatoire ; la moindre contrariété le fait passer à la colère : s'il est en butte à quelque revers de fortune, le voilà consterné, l'abattement s'empare de lui, et cet homme qui naguère était foudroyé par le sang, est aujourd'hui le tableau de la mort, le système sensitif a été comme frappé de paralysie, il y a suspension momentanée de toutes les fonctions ; c'est ce qui caractérise cet abattement, cette prostration de forces du désespoir. L'ambition est un vrai Protée, qui peut prendre toutes les formes des diverses impressions morales.

Ai-je besoin de décrire les effets de la colère? Si dans cet état d'excitation où se trouve le cerveau, les forces sont centuplées, n'est-ce pas lui qui envoie aux muscles une surabondance de ce

flux nerveux qui les force à se contracter? Si
dans cette scène volcanique, le cœur bat, la
respiration s'accélère , n'est-ce pas par une loi à
laquelle sont liées toutes nos fonctions? c'est-à-
dire qu'aucun organe ne peut être en insurrection sans que son voisin et tous les autres y participent. Le cerveau irrité, n'appelle-t-il pas le
premier plus de sang, ne met-il pas en jeu les
agens pulmonaires ; la respiration peut-elle
être activée sans influencer le cœur; la vitesse
avec laquelle le sang circule, n'augmente-t-elle
pas le travail de nos sécrétions? Si on est étonné
dans l'homme animé par la fureur, de voir ses
yeux sortir des orbites, ses muscles accroître
d'énergie, les cheveux se hérisser ; pourquoi
ne croirions-nous pas que les caractères de
nos produits sécrétoires sont changés? C'est là
l'explication de l'homme mordu par celui qui
est en colère et qui devient hydrophobe. La
salive, cette liqueur douce, alcaline et savonneuse,
se transforme en virus corrosif, et porte en cir-
culant le poison parmi tous les organes; et comme tous les virus ont une prédilection pour telle
partie plutôt que pour telle autre, je pense que
celui-ci arrive au cerveau et détermine tous les
phénomènes qui caractérisent l'hydrophobie.

Pourquoi le lait d'une nourrice en colère a-t-il produit l'épilepsie, les convulsions? C'est que tous les élémens des fluides sécrétoires sont changés, et qu'ils ont acquis des qualités comme vénéneuses.

Telle est la solution la plus rationnelle que l'on peut donner sur une question qui a paru si contraire aux lois de la physiologie.

Le désespoir est l'effet contraire de la colère, il en est même souvent le résultat. Dans l'une les forces cérébrales sont quadruplées, dans l'autre il y a abattement et prostration. En effet, l'homme désespéré se voue à la mort; ses membres refusent de le soutenir; sa figure, ses traits sont l'image du trépas; tous ses organes sont dans une faiblesse extrême: si quelque rayon d'espérance s'offre à son esprit, la joie renaît sur sa physionomie, le courage le ranime, et il passe tout d'un coup de la mort à la vie.

La pitié est ce sentiment de compassion qui nous est inspiré par le malheureux. Toute personne n'a pas (comme on dit) la faculté de supporter les peines d'autrui, l'effusion du sang, le cri de la douleur, la vue d'un homme qui se noie, d'un autre qui a été la victime d'un incendie, d'un patient que l'on conduit au supplice, d'un animal que l'on égorge, etc., etc. De telles images impriment à notre cerveau un sentiment de peine et de douleur. Il y en a même qui, à la vue de pareils tableaux, tombent en syncope, ont des convulsions; d'autres courent à toute jambe; enfin les effets de la pitié produisent des accidens variés suivant l'impression plus ou moins grande que l'on a éprouvée : ceci dépend de la disposition organique des fibres nerveuses cérébrales; car on voit par tempérament des personnes insensibles à la pitié, comme on en voit d'étrangères aux charmes de la musique. La pitié peut, comme le désespoir, revêtir le caractère de toutes les affections de l'âme; une fois revenu de notre première émotion, nous nous empressons de secourir le malheureux ; si nos secours sont couronnés par le succès, nous passons à la joie, de là à l'espérance, ensuite à l'amour; et telle qu'une corde tendue qui se met à l'unisson des variétés atmosphériques, notre cerveau peut également prendre en un instant mille nuances, qui font avec lui changer toute l'économie.

Expliquerai-je pourquoi la frayeur détermine la paralysie, les convulsions, l'épilepsie ? Lorsque le cerveau sera impressionné d'une manière prompte, subite et inattendue, le choc porté à sa substance produira tous les phénomènes qui ont été mentionnés dans les articles précédens, et qui doivent leurs variétés, comme je l'ai indiqué pour la pitié, à la disposition organique des fibres cérébrales.

On a aussi demandé pourquoi une joie excessive, un sentiment agréable portés à l'extrême, entraînent une foule d'accidens aussi funestes que les affections tristes et désagréables?

Pour que les émotions de l'âme puissent ne pas déranger l'ordre de nos fonctions, il faut qu'elles soient limitées dans l'espace qui leur a été assigné par la nature; si elles passent les bornes où elles doivent être circonscrites, de là naît une foule de dérangemens organiques. Dans la joie il y a appel de sang vers le cerveau; si elle persiste et qu'elle dure un temps très-long, ce premier sang qui avait exalté modérément les fonctions cérébrales, va devenir corps étranger et donner lieu ou à l'apoplexie, la manie, les convulsions, le ramollissement, l'épanchement de sérosité, etc.; voilà les caractères d'une affection agréable qui peuvent revêtir les formes de la haine, la tristesse, etc.

Voyons, en dernière analyse, comment un rire forcé peut conduire à la mort.

Le rire est l'expression de la joie; comme elle il a des limites qu'il n'est pas sans danger de dépasser. Sachez bien que l'effet du chatouillement a son siége au cerveau; que les nerfs que l'on excite, qu'on irrite, qu'on agace, ne sont que les rudimens de la pulpe cérébrale; que l'impression qu'ils produiront sera d'abord agréable, puis pénible; si l'excitation est trop prolongée, on dérangera l'équilibre de ses fonctions, un centre de fluxion s'établira, l'affection de locale deviendra générale, les liens qui unissent les organes entre eux seront tranchés, et nous serons par degrés conduits au trépas.

Dans l'exposé des diverses émotions de l'âme, dans l'énoncé de nos passions, dans les phénomènes qui les caractérisent, dans ceux qui les accompagnent, ne voit-on pas un enchaînement de résultats qui remontent tous à la source commune, c'est-à-dire aux lois physiologiques qui nous gouvernent?

Des autres lésions cérébrales.

En traitant des passions, j'ai indiqué les altérations cérébrales qui peuvent entraîner une foule de phénomènes pris dans les viscères de la vie organique. Toutes les maladies qui ont rapport à cet organe ont, à quelques modifications près, les mêmes troubles sympathiques : ainsi, si la lésion existe près de la partie antérieure des tubercules quadrijumeaux, il y aura éblouissement, faiblesse de la vue, cécité; si l'altération est portée à l'origine des nerfs olfactifs, il y aura dérangement dans les fonctions de l'odorat, etc. Les belles recherches de M. Lallemand sur l'encéphale où sont exposés presque tous les troubles sympathiques appartenant à telle lésion du cerveau, indiquent seulement que chaque portion de ce viscère a sous sa dépendance des organes qu'elle influence directement d'après l'exercice de ses fonctions; comme on le voit pour le ramollissement qui occupe les couches optiques et les corps striés (1). Dans les premières il y a paralysie des bras, dans les seconds c'est celle des membres inférieurs. Si le mal existe au corps strié du côté droit, et qu'il s'étende à la couche optique correspondante, il y a hémiphégie du côté gauche, et *vice versâ*. Lorsque l'affection cérébrale est causée par le sang, tout dans la machine éprouve une surexcitation vitale; si au contraire il y a kyste, cancer, collection purulente, toutes les forces semblent languir et abandonner les organes.

L'explication de la douleur qu'un homme qui

____

(1) Foville et Pinel Grandchamp. Recherches sur le siége spécial de différentes fonctions du système nerveux.

a subi l'amputation d'un membre croit éprouver dans la jambe ou le bras dont il a été privé, doit nécessairement trouver sa place dans cet article.

Les médecins qui ont cherché à se rendre raison de ce phénomène, ont dit vrai lorsqu'ils ont avancé que son siége n'était pas la portion du membre que le chirurgien a conservé, mais le cerveau; ils auraient rendu complétement la question, s'ils en eussent assigné la partie. En effet, si les corps striés et les couches optiques tiennent sous leur dépendance les mouvemens des membres, tant qu'ils subsisteront on aura le souvenir des membres que l'on amputera. L'effet est toujours lié à la cause : le membre amputé; il n'y a plus de mouvement, mais le principe de ce mouvement persiste; c'est comme je le rapporterai pour le lien qui unit le cervelet aux parties génitales; que l'on fasse l'ablation des testicules, on ne pourra plus consommer l'acte vénérien, mais on aura encore des désirs, parce que le sentiment de l'amour qui existe au cervelet ne disparaîtra qu'avec l'organe auquel il appartient. Ainsi la jambe que nous avons perdue sera toujours dans le cerveau, tant que la vie respectera le corps strié auquel elle est liée; au contraire, dans la paralysie qui suivra son ramollissement , nous posséderons la jambe sans en avoir la conscience. Si on m'objecte pourquoi, la cause persistant, la sensation pénible qui nous rappelle le membre perdu ne persiste pas toujours, c'est que l'habitude émousse le sentiment, et qu'il faut quelque excitation particulière portée sur les nerfs pour la réveiller.

Sympathies du cervelet.

Depuis que les savantes recherches de M. Gall ont fait connaître que le cervelet était le siége de l'amour, on n'est plus étonné des phénomènes sympathiques qui se manifestent aux parties génitales, lors de la lésion de cet organe. Il est naturel de penser que lorsqu'un viscère tiendra sous sa dépendance un autre viscère, ils doivent s'influencer réciproquement. La cause de l'amour subsiste au cervelet; que quelque accident altère, dérange ou détruise cette même cause , ses effets vont disparaître. Voilà pourquoi lorsqu'une idée physique ou morale réveille en nous cette passion, les organes génitaux entrent en érection, le pénis se redresse, les testicules augmentent leur action; si ce même souvenir se retrace la nuit, l'amour se réveille pendant que les autres sensations sont dans le repos, et dans

ce moment notre imagination est tellement pré-
occupée du sentiment qui l'exalte, que nous
nous abandonnons sans réserve à tous les effets
de la volupté, le coït s'exerce, l'éjaculation s'o-
père; c'est en deux mots l'histoire des somnam-
bules, qui se livrent en dormant à tous les actes
suscités par les sensations qui sont tenues éveil-
lées. Si pendant le jour notre imagination exaltée par l'ardeur vénérienne ne peut jamais pro-
voquer l'émission de la semence, c'est qu'elle
n'est pas complétement abandonnée à son ins-
tinct, l'illusion n'est pas parfaite, nous voulons
et nous n'avons pas; cette idée empêche que la
copulation ait lieu comme dans l'état naturel.

Tout prouve la communication directe établie
entre le cervelet et les testicules. On sait que les
blessures derrière les oreilles rendent la semence
inféconde, c'est Hippocrate lui-même qui a
signalé ce phénomène; des blessures dans la
région du cervelet ont été suivies quelquefois
d'inflammations des parties intérieures de la gé-
nération. M. Larrey a cité l'exemple d'un jeune
homme, qui ayant reçu à l'âge de dix-neuf ans
un coup à la nuque, vit peu à peu ses testicules
s'atrophier et presque disparaître. Il s'est offert
à mon examen, dans les salles de l'Hôtel-Dieu,
l'exemple d'un porte-faix qui avait été blessé à

la partie postérieure de l'occiput , et qui fut en proie pendant deux jours à un priapisme très-considérable. Il n'y a rien dans tous ces faits de sympathique, ce sont des organes qui s'influencent par l'exercice de leurs fonctions, comme les reins avec la vessie, la matrice avec les mamelles, etc.

Les nerfs n'étant que des rudimens du cerveau, ayant tous à peu près la même organisation, naissant à peu de distance les uns des autres, ayant entre eux des anastomoses très-multipliées, il n'y a rien d'étonnant qu'ils se transmettent leurs maladies.

L'amaurose en offre un exemple pour les nerfs optiques.

La communication de la corde du tympan avec le nerf maxillaire inférieur, nous rend raison du grincement de dents qui est produit par l'action d'une lime sur une scie ou d'autres bruits déchirans.

Un homme reçut un coup d'épée entre la cinquième côte et la quatrième , il perdit la vue pendant quelques jours, et la recouvra par degrés lorsque la plaie se cicatrisa. Schmiédel et Barthès présument que l'instrument vulnérant blessa le nerf trisplanchnique.

Est-ce au nerf trisplanchnique qu'il faut rap-

2

porter l'exemple fourni par M. Rostan, dans son cours de clinique? Une fille étant dans ses menstrues, passe dans une rue étroite où elle manque d'être renversée par une voiture, ses règles se suppriment et elle perd presque aussitôt la faculté d'y voir; on rappelle par les sangsues l'éruption menstruelle, et la vue se rétablit. Ne voit-on pas là que le cerveau devint le siége d'une commotion; que l'altération prompte et subite qui se manifesta, arrêta presque tout à coup les autres fonctions organiques, et que la matrice étant en exercice, fut la première affectée; que la cécité qui en résulta dut être occasionée par la congestion cérébrale qui exerça principalement son influence sur les tubercules quadrijumeaux?

On peut bien expliquer par les anastomoses des nerfs dentaires et maxillaires les douleurs qui s'irradient sur tous les points de la face lors de l'éruption des dents; mais ce n'est pas au pneumo-gastrique qu'on doit rapporter les vomissemens, les diarrhées, les convulsions, etc. qui surviennent pendant la dentition difficile. *Ubi stimulus, ibi fluxus.* Les fluides, les humeurs vont là où on les appelle. Le cerveau occupé du travail dentaire manifeste ses souffrances par l'insomnie, les convulsions. Les poumons et le cœur qu'il tient sous ses lois obéissent à son agitation ; l'estomac ballotté par les muscles abdominaux et le diaphragme vomit, les alimens mal digérés irritent les intestins, il y a colique, dévoiement, etc., etc.

Ainsi, quoique les nerfs puissent devenir quelquefois une boussole à nos explications sympathiques, nous ne devons les employer qu'avec une extrême réserve, parce qu'en voulant trop voir à la faveur du scalpel, nous finissons par ne plus rien découvrir.

Ce qu'on sait de précis sur les fonctions de la moelle épinière, c'est qu'elle préside avec le cerveau dont elle n'est que la continuation, à la locomotion et à la sensibilité, et que ses lésions détermineront des convulsions, ou la paralysie aux diverses parties qui sont sous sa dépendance.

Sympathies des organes des sens.

Œil. N'est-ce pas d'une part à la susceptibilité nerveuse de certains individus et à l'émotion qu'ils éprouvent en voyant un épileptique, qu'ils contractent la même maladie ? N'ai-je pas dit, en parlant des passions tristes, que l'effet qu'elles produisent sur le cerveau s'irradie sur tous les points de l'économie, et que ce sera l'organe le plus faible ou le plus disposé à être malade qui recevra l'impression ? Ainsi, si un homme dont le système nerveux est très-irritable voit un épileptique, il pourra fort bien le devenir ; si par contraire c'est une personne atteinte d'une affection gastrique, vous verrez l'altération stomacale s'aggraver. J'ai dans mes salles une dame atteinte d'un cancer utérin qui perçoit sur la matrice toutes les sensations, soit physiques, soit morales. Une autre femme est affectée d'ulcères dartreux à la jambe, qui rendent journellement une assez grande quantité de sanie purulente ; eh bien, la moindre contrariété, le plus léger choc cérébral arrêtent la suppuration, et déterminent sur la partie malade un sentiment d'aiguillon très-douloureux.

Le souvenir du bien-être, qui est le résultat du bâillement, nous porte à le répéter toutes les fois que nous verrons une autre personne bâiller.

Si nous rions par imitation, c'est que nous partageons la joie de la personne qui rit ; dans toutes ces circonstances, c'est toujours le cerveau qui se trouve plus ou moins excité.

Tous les désordres produits dans la machine par les antipathies ne sont-ils pas dus aux liens qui unissent l'encéphale à tous les viscères ? En général, l'objet qui fait le sujet de l'antipathie met toujours en jeu l'organe pour lequel il a le plus de rapports naturels. Lorsqu'un mets désagréable nous fait vomir, ce sont les nerfs qui président à la dégustation, qui avertissent le cerveau ; celui-ci réagit sur le diaphragme et les muscles abdominaux, qui en se contractant compriment l'estomac et le forcent à se débarrasser de tous les alimens qui sont dans son intérieur. On dit que l'idée d'un mets agréable nous fait saliver, le fait se passe comme si l'aliment était véritablement dans notre bouche ; c'est une erreur de notre imagination ; mais la sensation du mets que nous convoitons a été perçue par le cerveau, ce qui a déterminé l'exercice des glandes salivaires et de toutes les parties circonvoisines qui concourent à l'acte masticatoire.

Si la vue d'objets obscènes fait naître l'érection, c'est le cervelet qui se trouve excité et qui exerce son action sur les organes génitaux. C'est en deux mots la théorie de M. Gall, qui prouve que chaque partie de l'encéphale tient sous sa dépendance le groupe des sensations qui nous mettent en rapport avec les objets extérieurs.

Pourquoi chez les individus épuisés par la masturbation et les plaisirs vénériens, la pupille est-elle dilatée?

Il est du propre de nos organes de s'user par

l'exercice ; le sentiment de l'amour existant au cervelet, cette partie de l'encéphale doit s'altérer et entraîner avec elle la perte des autres sensa- tions intérieures. C'est ce qui arrive chez tous ceux qui sont portés par passion à l'onanisme ou à l'acte vénérien ; ils perdent la mémoire, le jugement, l'imagination; l'ouïe devient dure , la vue s'affaiblit ; et vous voulez avec la sympa- thie expliquer toutes ces altérations? Ne vous y trompez pas, ce que vous considérez comme symptomatique est réellement idiopathique ? L'abus du coït use le cervelet, le cerveau , et avec eux on perd l'usage des fonctions auxquel- les ils président. Ce que j'avance est confirmé par l'observation suivante : Un répétiteur de pension, après s'être épuisé par la masturbation, entre à l'Hôtel-Dieu en juillet 1821 , atteint de diabétès , dévoiement, et au dernier degré de marasme : trois semaines après il expire. M. Pe- tit, sous les auspices duquel il avait été placé , se contente d'examiner les ulcérations qui étaient disséminées dans le trajet des intestins grêles , et l'altération organique des reins. Employé com- me externe à son service , et livré depuis long- temps aux recherches des sympathies , je fis avec son approbation l'ouverture du crâne. Le cervelet n'avait plus que la moitié de son volume ordinaire, une sérosité albumineuse était interposée entre la dure-mère et l'arachnoïde, les ventricules étaient gorgés d'une lymphe séro-sanguine, le point de réunion des nerfs optiques à la selle turcique avait une teinte jaunâtre, les deux pupilles avaient été dilatées pendant la maladie. Ce fait prouve que les yeux avaient participé à l'affection de l'encéphale, et que la dilatation pupillaire était réellement idiopathique.

La dilatation de la pupille est encore donnée comme symptôme et comme phénomène sympathique de la présence des vers dans le tube intestinal chez les enfans. A cet âge, le cerveau étant comme on le sait le plus disposé, soit par son développement, soit par l'exercice de ses fonctions, aux affections pathologiques, la moindre cause suffit pour les faire naître. Si des vers s'engendrent dans un des points du tube intestinal, ils dérangent l'action des viscères digestifs ; la nutrition se fait imparfaitement, notamment aux dépens du cerveau, qui a le plus de propension à devenir malade ; si l'altération subsiste, tout l'organisme y participe ; le cœur, la respiration, les fonctions cutanées, etc., tout s'altère : les vers expulsés, la nutrition se rétablit et l'orage disparaît. Pour prouver que le trouble encéphalique dépendant secondairement de la présence des vers dans les intestins est idiopathique, c'est qu'on observe chez les hydrocéphales, chez les enfans qui ont éprouvé quelque commotion, dans les fièvres dites ataxiques, dans le coriza, etc., dilatation des pupilles, chatouillement des narines, mouvemens convulsifs, enfin une foule de symptômes qui sont dus essentiellement à l'affection de l'encéphale.

L'ouïe, l'odorat, le goût et le toucher pouvant produire des sensations qui leur sont communes et les mêmes que celles que j'ai rapportées pour la vue, je me dispense de les répéter, pour ne m'occuper que des sympathies qui leur sont spéciales.

Ouïe. Lorsque l'ouïe est révoltée par certains sons aigus, elle indique son état de souffrance par le grincement des dents. (*Voyez* les symp. des nerfs.)

Odorat. Si des émanations odorantes du corps de l'homme sont pour certaines femmes un stimulant énergique des organes génitaux, c'est que l'impression, au lieu d'arriver au cervelet par les yeux, lui a été transmise par l'odorat, qui n'a été que la condition pour l'exercice de ce phénomène.

Goût. Le goût peut être considéré comme une sentinelle que la nature a placée pour veiller à la sûreté des fonctions digestives. La foule des sympathies que l'on dit lier l'estomac à l'organe du goût, se rapportent toutes au cerveau : si nous vomissons tel aliment qui aura fait une sensation désagréable sur notre langue, c'est, comme je l'ai rapporté pour les antipathies alimentaires, que le nerf lingual a averti le cerveau, lequel ayant réagi sur le diaphragme et les muscles abdominaux, l'estomac a été comprimé, et le vomissement a eu lieu. N'est-il pas vrai que, si nous trompons l'encéphale sur la nature des médicamens que nous ingérons dans le ventricule, ils ne font sur lui aucune impression ? On n'ignore pas toute l'influence qu'a l'imagination sur ce phénomène. Un homme, à l'Hôtel-Dieu, croit avoir avalé une potion purgative qui était destinée pour un autre malade ; les vomissemens se déclarent et ne cessent que lorsqu'on l'eût détrompé. La-plupart des substances qui ont la propriété de faire vomir, ne le doivent le plus ordinairement qu'au goût nauséabond qu'elles laissent sur la langue. (*Voyez* les symp. de l'estomac.)

Toucher. La peau est une enveloppe sensitive qui avertit l'organe cérébral de l'impression des corps qui nous entourent ; l'exciter doucement, la caresser, c'est produire une sensation qui ne fatigue pas le cerveau : si par contraire le contact de quelque corps l'agace ou l'excite d'une manière un peu trop vive, le cerveau passe dans un état de souffrance, les diverses sensations dont il est le siége sont troublées, les fluides se portent de la circonférence au centre, la figure pâlit, les muscles se contractent à peine, les jambes cèdent au poids du corps. Cet état persiste plus ou moins de temps, suivant le degré d'émotion qui aura été perçu : tel est le résultat des diverses étoffes, telles que le velours, que quelques personnes ne peuvent toucher sans tomber en défaillance.

Sympathies des tissus.

Système osseux. Les os, agens passifs de la locomotion, participent si peu aux lois qui régissent l'économie animale, qu'on ne doit pas être surpris qu'ils restent tranquilles spectateurs des troubles qui surviennent dans le corps humain. On ne cite d'autres exemples de sympathie des os, que ces douleurs vives dont ils sont le siége, surtout pendant la nuit, lorsqu'une affection syphilitique est devenue ancienne. Rapporter ce phénomène aux sympathies, c'est vouloir empêcher qu'un organe malade manifeste ses souffrances. S'il est reconnu par l'observation que la syphilis après avoir déterminé ses ravages sur divers points de l'économie, finisse à la longue par altérer le système osseux, y a-t-il là rien de contraire à la marche des autres altérations pathologiques? Chaque tissu, chaque organe, n'ont-ils pas leurs maladies? La vérole n'affecterait-elle que les os, devrions-nous nous étonner, pas plus que nous le sommes à voir la variole affecter la peau, etc.?

Les maladies particulières aux os, qui amènent le plus ordinairement le trouble aux fonctions de nos organes, sont : l'ostéosarcome et le rachitis.

L'ostéosarcome est cette maladie qui a le plus d'analogie avec le cancer des parties molles. Cette affection peut atteindre les os primitivement et secondairement; dans ce dernier cas, ils ne font que participer au désordre des parties voisines où siége la maladie : lorsqu'ils le sont primitivement, les ravages qu'ils exercent sont physiques ou vitaux; les premiers se rapportent à la compression qu'ils portent sur les organes qui leur sont subjacens; ainsi on a vu l'ostéosarcome siéger à la base du crâne, produire le coma, le délire, etc. J'ai été témoin à l'Hôtel-Dieu d'une affection de ce genre qui occupait la base des os pubis, comprimant fortement la vessie, et de laquelle il en était résulté pendant les deux derniers mois qui précédèrent la mort du malade, une incontinence d'urine et des douleurs urétro-vésicales intolérables. Quant aux phénomènes vitaux, il est facile de s'en rendre raison. L'opinion de la diathèse cancéreuse n'est pas tout-à-fait à dédaigner; seulement la plupart de ceux qui la reconnaissent pensent qu'elle préexiste à l'individu : moi je crois, au contraire, qu'elle est toujours le résultat d'une altération de ce genre dans un organe quelconque. Ainsi, si un tissu, ou quelque autre partie du corps se décompose, les vaisseaux absorbans rapporteront dans le torrent de la circulation le résidu de cette décomposition; le sang ainsi vicié sera le germe d'une infinité de maladies : d'un autre côté, l'os affecté d'ostéosarcome se transforme en un centre de fluxion qui appelle vers lui une plus grande quantité de sucs nutritifs, de façon qu'une partie de la nutrition qui doit servir à l'entretien et à l'exercice des autres viscères étant absorbée par l'os malade, une double cause s'établit pour ruiner d'une part et vicier de l'autre l'économie animale; voilà comment s'établit la diathèse cancéreuse; voilà la cause de l'amaigrissement; le sang renfermant un élément délétère, ce sera l'organe le plus faible qui s'en emparera. De là une foule de sympathies, c'est-à-dire une foule d'altérations idiopathiques.

Rachitis. Je ne rechercherai pas quelle est la nature de la cause qui prive les os de leur solidité; je me demanderai seulement que devient dans l'économie la substance calcaire qui est rejetée par le système osseux. N'est-il pas à présumer que, si les os la refusent, elle rentre dans les voies circulatoires, et devienne le germe de beaucoup d'affections organiques, à la suite desquelles on voit succomber les individus qui en sont atteints? L'autopsie montre que le plus souvent la masse cérébrale a augmenté de volume; quelquefois un épanchement de sérosité dans les ventricules; voilà les convulsions, les accès d'épilepsie, la cécité, la surdité sympa-thiques. D'autres fois ce sont les poumons qui ont été trouvés remplis de tubercules; dans d'autres circonstances, ce sont les glandes du mésentère : les os sont sanieux, souples, ra-mollis; avec des altérations aussi évidentes, avez-vous besoin du mot *sympathie* pour expliquer tous les phénomènes qui en sont le résultat?

Les cartilages, les fibro-cartilages et les apo-

névroses étant rarement exploités par les recherches du praticien, je les passerai sous silence.

Des sympathies du périoste, des ligamens et des
capsules articulaires.

Périoste. On donne pour sympathie du périoste que lorsqu'il est blessé, il y a gonflement
de la totalité du membre; c'est par continuité
du tissu. Lorsqu'un point de la plèvre est enflammé, l'inflammation ne tarde pas à envahir
la totalité de la membrane, et à se transmettre
au poumon qui lui est contigu. Si cet accident
survient à la dure-mère, il y aura douleur au
péricrâne, engorgement de l'œil, de la pituitaire, et de toutes les parties du crâne qui ont
avec elle des rapports anatomiques. Si elle transmet ses douleurs plus sur une partie que sur
une autre, cela dépend des maladies antérieures
qu'auront éprouvées ces mêmes parties, et qui
sont par-là plus disposées à recevoir l'élément
fluxionnaire de l'endroit affecté. Deux hommes,
à la Charité, étaient atteints de fungus à la dure-
mère; l'un avait eu dans son jeune âge plusieurs
ophthalmies à l'œil droit, et l'autre avait été
atteint à plusieurs reprises de coriza; l'altération
de la dure-mère se transmit chez le premier à
l'œil droit, et chez l'autre aux fosses nasales.

La piqûre de la sclérotique n'est qu'un diminutif des phénomènes que je viens de rapporter. Porter l'instrument à l'œil, c'est diriger sur lui un centre de fluxion ; le picotement qu'on occasione, l'attention de l'opéré, l'importance de l'opération, sont pour lui des causes qui exaltent ou fatiguent le moral, et c'est le cerveau qui, réagissant physiologiquement sur les autres organes, dérange l'équilibre de leurs fonctions. Si l'opération a eu lieu pendant la digestion, c'est elle qui, par contre-coup, se ressentira du trouble encéphalique, etc.

Ligamens, capsules articulaires. On rapporte que des tiraillemens violens, les déchiremens des ligamens, des capsules articulaires, ont produit le tétanos, les convulsions, l'expulsion involontaire des matières fécales, etc. On n'ignore pas que la source première de tous les maux qu'endurent les individus qui sont à l'épreuve de tous ces accidens remonte au cerveau, que c'est lui qui perçoit la douleur ; que déchirer un ligáment, tirailler une articulation, c'est ébranler la masse cérébrale : les convulsions, le tétanos sont le résultat de cet ébranlement ; dès que cet organe est affecté, tenant sous sa domination tous les viscères, ils peuvent tous, à leur tour, éprouver des irradiations sympathiques. Le cœur précipite ses mouvemens, la respiration s'accélère, tous les produits sécrétoires sont augmentés ou retardés ; si l'estomac est chargé d'alimens, il les vomit ; les intestins laissent échapper les matières fécales, la vessie se débarrasse spontanément de l'urine qu'elle renferme. Sommes-nous dans ce moment maîtres de nous-mêmes, pouvons-nous à notre gré disposer de notre volonté? non, tout est soumis à l'orage cérébral; c'est lui qui a reçu la première impulsion, c'est lui qui la transmet à toute la machine.

Muscles. Voulez-vous connaître la sympathie d'un organe?étudiez-le dans ses fonctions. Les muscles, agens actifs de la locomotion, sont sous la dépendance immédiate du cerveau ou de la moelle épinière. Ces contractions brusques, involontaires, spasmodiques, qu'ils nous présentent dans les convulsions, l'épilepsie, le tétanos, sont-elles autre chose que l'indice de l'état des fonctions intellectuelles ? Dans les maladies que je viens de citer, voit-on sur eux, après la mort, quelque trace d'altération ? N'a-t-on pas lieu de trouver sur le cerveau les causes morbides du tétanos et de l'épilepsie ? Si très-souvent nos recherches restent sans effet, n'avons - nous pas le droit d'accuser les bornes de notre instruction sur les lésions encéphaliques? Sans les travaux de MM. Rostan et Lallemand, connaîtrions-nous les ramollissemens du cerveau? Le tétanos, dont le siége a été placé sur presque tous les viscères du corps humain, étudié dans sa marche et ses phénomènes, prouve qu'il dépend essentiellement d'un trouble cérébral. Deux autopsies faites à ce sujet à l'Hôtel-Dieu, devant MM. Petit, Montaigu et Récamier, ont donné pour résultat un ramollissement avec épanchement depuis les corps olivaires jusqu'à la partie moyenne de la deuxième vertèbre cervicale. Fixés sur ce point de doctrine médicale, nous dirons que les muscles sont au cerveau, ce que les artères sont au cœur. Tâter le pouls, c'est connaître l'état de l'organe de la circulation; par la même analogie, les muscles obéissent à l'organe duquel ils dépendent : ainsi les anomalies sans nombre qu'ils offriront dans les maladies, devront être étudiées comme signes des affections de l'encéphale, et non comme des sympathies.

Diaphragme. D'après les recherches ingénieuses de M. Bell (1), il nous est facile de nous rendre raison comment l'éternuement et la toux détermi-

(1) *Archives générales de médecine*, n° de septembre 1823.

nent la contraction du diaphragme. Un corps quelconque irrite la membrane pituitaire, la portion
dure de la septième paire se trouve impressionnée, et porte l'excitation qu'elle a reçue à
la portion de substance médullaire qui se trouve
interposée entre le pont de varole et les corps
olivaires; à cette origine se trouve aussi celle des
nerfs respiratoires, tels que : le glosso-pharyn-
gien, le pneumo-gastrique, le spinal, le diaphragmatique et le nerf respiratoire externe, qui
agissent tous de concert sur les muscles auxquels
ils correspondent et déterminent leur contraction. Les rapports, (dit l'auteur), « qui existent
« entre les nerfs respiratoires expliquent faci-
« lement certains phénomènes dont jusqu'ici
« les physiologistes ne s'étaient rendus compte
« que d'une manière très-incomplète, si ce n'est
« tout-à-fait fausse. C'est ainsi que dans l'action
« d'éternuer, ils ne pouvaient concevoir com-
« ment l'irritation de la membrane pituitaire
« pouvait déterminer les contractions convul-
« sives du diaphragme. Ils étaient obligés d'ad-
« mettre une communication entre ces deux
« parties au moyen des anastomoses nerveuses.
« Nous voyons au contraire que, dans ce cas,
« l'irritation de l'extrémité d'un des nerfs res-
« piratoires détermine l'action de tous ceux

« qui appartiennent au même système ; il en
« est de même lorsqu'un corps étranger irritant
« la glotte, il en résulte des efforts de toux dans
« lesquels les muscles de l'appareil respiratoire
« entrent simultanément en action.

« Les actions de sourire et de pleurer sont
« encore sous la seule influence de ce système
« de nerfs, etc. »

Ainsi le diaphragme comme muscle obéit aux
déterminations du cerveau, et, par sa position,
il peut participer aux diverses altérations des
organes qui lui sont subjacens ; les dérangemens
vitaux qui surviennent dans ces circonstances
sont purement mécaniques, et trouveront leur
explication dans les sympathies des viscères qui
lui correspondent.

Peau. Sans admettre une relation sympathique entre la peau et les membranes muqueuses,
il existe cependant entre elles un point de contact qu'on ne peut contester, soit par rapport
à leur structure, soit encore par rapport à
leurs fonctions. Ces deux membranes semblent
se remplacer mutuellement. Lorsqu'une cause
quelconque empêchera la peau d'admettre à sa
surface le produit de l'exhalation, celui-ci ren-
trera et ira s'aboucher sur les muqueuses ; de
même lorsque ces dernières seront lésées, les

tégumens augmenteront leur travail sécrétoire.
Il semble que la nature, en multipliant les organes de même structure, ait voulu se suffire à
elle-même pour rétablir l'équilibre dans la plupart de nos affections. Cette relation physiologique qui lie entre elles la peau et les muqueuses
est la même que celle qui existe entre les deux
poumons, les salivaires, les reins, etc.; là où
il y a identité de principes, est la même vie et
le même mode d'altération. La phthisie du poumon droit se transmet à l'autre, les phlegmasies
cutanées passent aux muqueuses, et *vice versâ;*
c'est une attraction vitale analogue à l'attraction
chimique, par laquelle les molécules de même
nature se rapprochent, s'attirent et se con-
fondent.

Qu'on étudie avec attention les rapports fonc-
tionnels de la peau avec la membrane muqueuse,
et l'on ne sera pas surpris de voir coïncider l'angine avec la scarlatine, l'ophthalmie et le coriza
avec la rougeole, la gastrite avec l'érysipèle, etc.
Ces deux membranes ayant une affinité particulière l'une pour l'autre, contractent souvent
ensemble la même affection; ou si l'une devient
malade, l'autre a une aptitude à le devenir. Si,
comme on le pense généralement, les causes
qui produisent la variole, la rougeole, la scar-

latine, etc., existent dans l'atmosphère, pourquoi ne pas croire qu'elles peuvent également porter leur influence sur le tégument interne et externe? Le même air qui a déterminé la scarlatine, en se précipitant dans le pharynx, ne peut-il pas produire une angine? S'il s'arrête aux yeux ou aux fosses nasales, ne déterminera-t-il pas sur ces parties des affections que l'on dit sympathiques de la rougeole ou de la variole? D'ailleurs, qui ne vous a pas dit que les autres lésions sympathiques proviennent de l'imprudence des malades? Les gastrites, qui accompagnent le plus souvent les phlegmasies cutanées, ne sont-elles pas le plus ordinairement le résultat du peu d'attention que l'on porte à observer le régime? La nature ne peut pas faire deux choses à la fois, s'occuper des organes sains et de celui qui est malade; la peau enflammée exige pour sa guérison le repos absolu de toute la machine; si quelque viscère travaille, ses fonctions pourront s'altérer, et l'on dira que c'est par sympathie.

Lorsqu'un homme sort brusquement d'un endroit très-chaud et passe à une température très-froide, le corps se refroidit, la transpiration s'arrête, et il va survenir une bronchite, une pneumonie et un point pleurétique. Dans ces divers accidens , si l'on réfléchit un instant à la cause qui les produit, on verra que l'air qui refroidit la peau en sueur agit de deux manières ; en se précipitant dans les poumons, il irrite la muqueuse des conduits aériens, l'inflammation qui en résulte est directe et non sympathique ; la peau est étrangère à ce phénomène, l'air en agissant sur elle l'a bien stimulée, ses bouches exhalantes ont été resserrées par le froid ; mais comme le stimulant a porté en même temps et sur elle et sur la muqueuse pulmonaire, celle-ci plus sensible, plus perméable, s'est emparée de l'élément fluxionnaire. Voilà la théorie de la bronchite, de la pneumonie, et de tous les symptômes qui servent à les caractériser. Si , par contraire, étant dans un appartement très-chaud, on se dépouille de ses habits, ici la transpiration pulmonaire ne change pas, l'air est toujours le même pour elle , il porte tous ses effets sur la partie de la peau qui s'est trouvée en contact avec lui ; si c'est le thorax , trois affections différentes peuvent en être le résultat. Ainsi, si les tégumens sont très-sensibles, il pourra survenir érysipèle ; s'ils laissent passer le principe morbifique, celui-ci peut s'arrêter aux muscles des parois pectorales, et occasioner un rhumatisme, si toutes ces enveloppes résistent ; la plèvre , membrane si mince, si subtile, si délicate, cède, s'irrite, s'enflamme, et la pleurésie se prononce. Trois observations viennent à l'appui de ce que j'avance.

Une demoiselle de vingt-huit ans avait été traitée à l'hôpital Beaujon d'une hépatite avec ictère; se trouvant en pleine convalescence, et étant retournée précipitamment du promenoir pour assister à la distribution alimentaire, elle ôte imprudemment pendant qu'elle suait sa capote; la porte et les croisées étaient ouvertes, un vent de sud-ouest s'élève; à l'instant elle sent à la partie latérale droite du thorax une douleur assez vive, la rougeur se prononce, s'étend, et prit en quelques heures tous les caractères de l'érysipèle.

Dans le même hôpital, un homme arrive de très-loin pour venir visiter un de ses confrères; il était tout baigné de sueur, lorsque, pour se mettre à son aise, il enlève sa cravate, déboutonne son gilet; le froid le saisit, et il ressent presque aussitôt, au grand pectoral gauche et muscles subjacens, une douleur très-aiguë, qui augmentait par le mouvement, mais qui ne dérangeait en rien les fonctions respiratoires. Pour éviter les suites de cet accident, je lui fis donner un lit; le repos, deux applications de sangsues, et des cataplasmes eurent en quelques jours emporté le mal.

Chez une troisième malade, la même cause dirigea son action sur la plèvre. Les exemples de ce genre sont si nombreux et si fréquens, qu'il suffit de les mentionner.

En général, les divers accidens occasionés par la suppression de la transpiration surviennent ou à la partie de la peau qui se trouve impressionnée, ou à l'organe qui a quelque disposition à devenir malade.

Un jeune homme de ma connaissance avait, en se couchant, une légère irritation à la gorge; éveillé pendant la nuit, il se lève, pose à terre ses pieds qui étaient en moiteur; l'irritation augmente, et le lendemain il eut une angine assez intense, qui nécessita pour la guérir les remèdes usités en pareille circonstance. Se servira-t-on, pour expliquer ce fait, de l'influence nerveuse? y a-t-il quelque nerf qui se porte directement du pharynx aux pieds? non; il est plus rationnel de dire qu'à l'instant où la peau a été saisie par le froid, il y a eu resserrement subit des pores cutanées, les fluides se sont portés du dehors au dedans, le saisissement a été général, tous les organes ont été légèrement troublés; mais la partie du corps qui se trouvait déjà irritée a, par ce choc inattendu, doublé son irritation, et l'inflammation s'est déclarée. Nous en revenons toujours à l'adage connu : *ubi stimulus. ibi fluxus.*

La peau dans la phthisie offre deux phénomènes bien importans, la chaleur de la paume des mains, de la plante des pieds et la coloration des pommettes.

Les poumons enflammés ou altérés dans leur tissu, comme foyers d'irritation augmentent la circulation ; par-là, le sang du système capillaire se trouve également activé ; et si les pommettes sont plus colorées que les autres parties, nous dirons, comme l'a exposé Bichat (1) : « 1° que « la route est déjà frayée au sang ; 2° la disposi- « tion anatomique du système capillaire y est « plus favorable qu'ailleurs à ce passage ; ce qui « le prouve, c'est que dans les injections la face « se colore avec une extrême facilité ; 5° il pa- « raît qu'il y a une plus vive sensibilité à la « face. » Ainsi les pommettes ne se colorent pas seulement dans la phthisie ; mais dans toutes les affections où d'une part la circulation sera accélérée, et notamment lorsqu'il y aura appel du sang vers la tête. La chaleur mordicante et la

(1) *Anatomie générale*, tome IV.

3

sueur des mains et des pieds dépendent de ce
que le sang, renfermant une très-grande quantité de calorique, le déposera avec plus de pro-
fusion, là où les molécules seront plus serrées,
là où le système capillaire sera plus prononcé ;
et comme la face, les mains et les pieds sont
les endroits du corps où cette disposition anatomique existe, ce seront elles qui deviendront le
siége de ces bouffées de chaleur que les phthisiques éprouvent. Quoique les poumons ne
soient pas les foyers exclusifs de la chaleur animale, il n'est pas moins vrai que, travaillant essentiellement pour la confection du sang, cette
opération chimique nécessite un très-grand dé-
gagement de calorique, dont la quantité augmentera toutes les fois que la fonction respiratoire se fera avec difficulté, et notamment lors
de la destruction des poumons, où le travail
doit être considérablement augmenté. Les sueurs
nocturnes sont le résultat de la réaction de l'organe malade vers les parties circonvoisines ;
étouffé en quelque sorte par les fluides dont il
est surchargé, il épuise de temps en temps le
peu d'action vitale qui lui reste pour les repous-
ser. Ce phénomène survient ordinairement la
nuit, parce que pendant le repos que goûtent
les organes, tous les fluides, toutes les humeurs

tendent davantage à se porter vers le point irrité.

Dans l'ictère, la peau est colorée en jaune.

Il est du propre de nos organes, lorsqu'ils sont enflammés, que leurs produits sécrétoires soient augmentés ou diminués. Si dans l'ictère le fluide biliaire se trouve triplé ou quadruplé, où voulez-vous qu'il aille? S'il ne trouve pas une issue à travers tous les couloirs du corps, il s'extravasera dans l'intérieur de nos parties, et déterminera, par sa présence, des accidens mortels. La peau n'est-elle pas chargée d'exporter tous les fluides qui nuiraient par leur séjour à l'entretien de la vie? Dans l'ictère, je le répète, les reins, les intestins, les pores muqueux, ne contribuent-ils pas comme la peau à chasser du corps l'excédant de la bile? ne font-ils pas l'office de véritables portes qui communiquent entre elles d'après des lois physiologiques? Ainsi la peau seule n'est pas colorée en jaune, les muqueuses le sont aussi, et peut-être tous les viscères le seraient si la mort ou la santé ne prévenaient ce phénomène. On sait que si quelque obstacle s'oppose à l'expulsion des urines, cette liqueur se répand sur tous les points de l'économie.

Comment concevoir que des compresses

d'eau froide, l'oxicrat, la glace appliquées sur le front ou les tempes arrêtent un épistaxis? N'est-ce pas en stimulant les tégumens, n'a-t-on pas pour but de porter sur ces parties un centre de fluxion? Le sang appelé là où il y a excitation, se détourne de la première irritation pour aller à celle où elle est plus considérable; c'est la théorie de toutes les substances médicamenteuses, qui agissent comme révulsifs. Tous les jours, nous voyons l'irritation d'un organe se déplacer pour aller vers un autre; lorsqu'il y a érysipèle et qu'il survient une congestion cérébrale ou pulmonaire, l'inflammation de la peau disparaît, parce que le sang, les fluides, les humeurs, si l'on veut, vont là où l'irritation les appelle, etc.

Tissu cellulaire. Les abcès sous-cutanés, les foyers purulens, les dépôts qui ont leur siége dans le tissu cellulaire, ne sont que le résultat des diverses communications qu'il entretient sur tous les points du corps, et des lois physiologiques qui président à leur formation. Bichat rapporte une sympathie particulière du tissu cellulaire, la voici : « Un homme, par l'effet d'une forte « terreur, éprouva un resserrement subit à « l'épigastre, une teinte jaunâtre, indice de l'af- « fection du foie par l'émotion, se répandit

« peu d'heures après sur le visage ; le soir,
« il avait un œdème remarquable dans les
« membres inférieurs. »

Pour répondre avec plus de justesse au mérite
de cette observation, j'aurais souhaité connaître
si la terreur éprouvée était survenue pendant le
travail digestif, et si tous les organes qui composent cette fonction étaient, avant l'événement,
dans leur état naturel. En supposant que ce fût
pendant la digestion, il y a eu d'abord affection
cérébrale, réaction sur le centre épisgatrique ; et
la vie se trouvant dans ce moment comme toute
concentrée sur ce point, elle a délaissé les membres inférieurs dont les fluides ont obéi aux lois
de gravité.

Sympathies de la circulation.

Pour se rendre raison des sympathies sans
nombre qui mettent en jeu l'organe de la circulation, il ne faut pas perdre de vue que le sang
est le véhicule de tous les principes qui entrent
dans la composition de notre corps ; il faut se rap-
peler que c'est lui qui fournit à l'exercice de nos
organes, qu'il les nourrit, et que le cœur est
l'agent d'impulsion qui le pousse sur tous les
points de l'économie. Appelé par une irritation
quelconque, de suite il regorge dans le système

capillaire, de là, il passe aux radicules des veines et arrive par les veines caves à l'oreillette droite, laquelle, pour admettre le surplus de fluide qu'elle reçoit, double ses contractions; le même phénomène se passe pour le ventricule correspondant; les artères obéissant à l'impulsion qui leur est donnée, offrent au doigt qui les touche ce mouvement d'ondulation, de vitesse, etc. qui constitue le pouls. En suivant cette marche physiologique, nous sera-t-il difficile de présenter les sympathies du pouls et toutes les particularités qu'il offre dans presque toutes les maladies? N'est-il pas vrai que le sang noir va déposer dans l'oreillette droite tous les corps étrangers qui pénètrent dans notre corps, tous les miasmes délétères qui s'introduisent dans notre économie? Ne charie-t-il pas dans le torrent de la circulation tous les produits de la suppuration, des caries, de la gangrène, les congestions séreuses, sanguines, les épanchemens de la bile, de l'urine? etc. N'a-t-on pas droit de penser que toutes ces matières doivent chacune à leur manière stimuler le cœur? Tous les tissus enflammés, suivant leur organisation, leur proximité, leur éloignement du centre de la circulation, l'intensité de leur inflammation, etc. ne peuvent-ils pas déterminer par chacune de ces causes en particulier des variétés innombrables dans les phénomènes du pouls? son augmentation pendant la digestion ne provient-elle pas de ce que l'estomac, pour remplir ses fonctions, appelle vers lui une plus grande quantité de sang? Le chyle qui arrive au cœur n'est-il pas un stimulant pour cet organe? L'immortel Bordeu ne s'était-il pas convaincu par ses observations que chaque tissu malade a dans le pouls son type particulier? Si je voulais consacrer mon temps et mes peines rien qu'à cet article, ne pourrait-on pas composer des volumes? Mais mon seul but est de prouver que la physiologie et la pathologie sont les seules voies propres à expliquer les nombreuses sympathies de l'agent circulatoire; les nerfs peuvent bien y contribuer, mais plus rarement; ainsi je pense que dans une frayeur, ou tout autre accident qui porte son influence sur le système nerveux, il y a réaction sur le cœur et la fièvre se déclare.

Comment parviendrons-nous sans le mot de sympathie à nous rendre compte des causes si nombreuses et si variées qui font naître la lypothimie ou la syncope? Pour répondre à cette question, il faut d'abord savoir quel est l'organe qui détermine les phénomènes qui sont le résultat de la syncope. Jusqu'aujourd'hui, on est à peu près dans la persuasion que le cœur est l'agent principal de cet accident; je crois que si on analyse parfaitement la théorie de la syncope, on se persuadera que le cerveau est celui qui joue le principal rôle (1) voici comment : un homme par exemple que l'on saigne et qui se sent le cœur défaillir, pâlit, ferme les yeux, ses jambes se derobent sous lui, il n'a plus l'usage du sentiment, la respiration s'affaiblit, et le cœur cesse peu à peu de se contracter. Il est bien manifeste que l'organe qui interrompt le premier ses fonctions doit entraîner nécessairement la perte des viscères qui lui correspondent; ainsi le

(1) Cullen a bien établi le premier l'opinion que je viens d'émettre sur le prétendu siége de la syncope ; mais suivant lui elle réside, tantôt au cerveau, et tantôt au cœur : il fait dépendre du premier les vives affections de l'âme, les évacuations diverses, etc. L'anévrysme, les polypes dans les ventricules, l'ossification des valvules sont les causes inhérentes au cœur, et qui agissent directement sur lui lorsqu'elles produisent cette maladie. Il est bien évident que si la syncope résulte d'un défaut d'action du sang sur la masse cérébrale, il importe fort peu que cette cause existe ou dans le cœur lui-même, ou dans une autre partie, comme pour l'apoplexie qui est occasionée par un anévrysme, l'effet est toujours dans le cerveau, c'est lui qui cesse ses fonctions, c'est vers lui que l'on dirige tous les moyens thérapeutiques.

cerveau cessant d'agir , éteint l'action des intercostaux et du diaphragme, la respiration ne s'exer-
çant plus et le sang n'étant plus élaboré , il ne
stimule plus le cœur : voilà comment à tour de
rôle et par les lois physiologiques qui les unissent, ces trois foyers de la vitalité disparaissent.
D'après les expériences faites sur les animaux
vivans, le cerveau est celui qui est doué de plus
de sensibilité; aussi lorsqu'on fait une saignée trop
copieuse, on a soustrait de l'organe de la pensée
une partie du sang qui doit le nourrir ou entre-
tenir ses fonctions. Toutes les causes qui donnent
lieu à la lypothimie se rapportent toutes directement ou physiologiquement à l'encéphale; telles
sont les frayeurs, les coups, les vives douleurs,
les passions, l'abstinence, les diverses hémorrha-
gies, les ligatures, le séjour dans un endroit où l'air
n'est pas renouvelé, etc. ; toutes ces causes, dis-je,
agissent en interceptant le cours du sang, en
élaborant imparfaitement ses principes, et en
empêchant qu'il produise sur la masse cérébrale
l'excitation dont elle a besoin pour remplir ses
fonctions. Lorsqu'on veut faire cesser la syncope,
ne dirige-t-on pas sur elle les moyens thérapeutiques? L'aspersion d'eau froide à la figure, le
chatouillement des fosses nasales, le reniflement
d'odeurs pénétrantes , n'ont-ils pas pour but de

5.

la réveiller de l'état d'engourdissement et de stupeur dans laquelle elle se trouve? L'anévrysme, en précipitant le sang avec force sur toutes les parties du corps, ne tend-il pas à produire fréquemment l'hémorrhagie cérébrale? De même tous les obstacles à la circulation porteront primitivement leur influence sur le siége des sensations.

Pour expliquer le froid très-incommode qu'éprouvent aux pieds et aux mains ceux qui sont malades d'un anévrysme du cœur, on peut, d'après M. Roux, l'attribuer à ce que le sang est mal élaboré par la respiration, ou bien à ce que, par le ralentissement de la circulation veineuse, le sang noir fait un trop long séjour dans le système capillaire. Je pense aussi, de mon côté, que le cœur, ayant doublé son volume, dépense pour lui une plus grande quantité de sang, et que par suite de l'altération organique dont il est le siége, il est devenu centre de fluxion, toutes les forces se concentrent vers lui, et la vie semble abandonner les extrémités.

Je dirai fort peu de chose sur les sympathies particulières des vaisseaux sanguins, vu le peu de vie dont ils jouissent et la rareté de leur affection. Les inflammations se succèdent brusquement dans des lieux éloignés, sans aucun symptôme de lésion des parties intermédiaires. Cela prouve que tout le corps est couvert de vaisseaux et qu'ils s'engorgent là où il y a inflammation. Si la pleurésie remplace la péripneumonie, c'est que la congestion première aura déplacé la dernière à la manière des révulsifs : on pourrait à volonté faire naître mille inflammations, en promenant le stimulant sur tous les points du corps.

Vaisseaux et glandes lymphatiques.

Les glandes lymphatiques peuvent être considérées comme des réservoirs placés sur plusieurs points du corps, à l'effet de recevoir les divers produits qui circulent dans la masse des vaisseaux absorbans ; ceux-ci naissant de toutes les parties, y puisent presque tous les principes morbifiques qui affectent les tissus ; aussi sont-ils sujets à participer à leur altération, ce qui est démontré par l'observation. Bichat, un de ceux qui font jouer un si grand rôle aux sympathies dans les phénomènes pathologiques, avoue que les engorgemens sans nombre des glandes lymphatiques, peuvent être expliqués par le transport des matières absorbées, notamment dans les virus, dans les piqûres, avec des instrumens imprégnés, etc. Il n'admet la sympathie que pour le transport des inflammations.

Nous savons fort bien qu'une irritation portée sur un organe a pour but de changer son mode d'action. Les larmes dans l'inflammation de la lacrymale, prennent un caractère d'âcreté qui ne leur est pas naturel ; le mucus nasal est dénaturé dans le coriza, la digestion est viciée dans la gastrite, etc. Ainsi lorsque dans la blennhorragie nous verrons survenir un bubon, nous dirons que ce, sont les absorbans de la muqueuse urétrale qui ont charrié un mucus altéré par l'inflammation, et qu'en s'abouchant aux glandes inguinales, ils leur ont transmis le principe d'irritation dont ils étaient chargés. C'est de cette manière qu'on se rend raison de l'engorgement des axillaires dans le panaris, dans le cancer au sein ; des glandes mésentériques dans les altérations organiques digestives. Le carreau ne doit le plus ordinairement sa formation qu'au mauvais régime des enfans, ou au mauvais état des premières voies. Les diverses affections des glandes lymphatiques sont toujours le résultat des divers produits morbifiques qui leur sont apportés par les vaisseaux absorbans. Si l'on vomit, si l'on a le dévoiement dans le carreau, c'est que l'estomac ou les intestins sont malades ; si l'on a la fièvre, c'est que le cœur a reçu des principes qui ont exalté sa contractilité, etc. Le seul phénomène remarquable dans les affections de nos tissus, c'est, comme je l'ai dit en parlant de la peau, que ceux qui ont le plus d'analogie par leur conformation se transmettent mutuellement leur altération. Dans les scrofules, comme dans le carreau, toutes les glandes lymphatiques s'engorgent : ici cependant il faut considérer que la maladie se transmet par communication d'une glande à l'autre, au moyen des absorbans dont les anastomoses sont infiniment multipliées.

Sympathies des glandes conglomérées.

Toute excitation naturelle ou physique portée sur un organe, a pour but d'augmenter le produit de sa sécrétion. Les glandes salivaires tapissées par la membrane muqueuse, aboutissent à la bouche par divers canaux qui leur sont particuliers. Porter un stimulant quelconque sur leur orifice, c'est comme si on agissait sur la glande elle-même; ainsi les alimens, en augmentant l'action des canaux de Stenon et de Warthon, l'irritation se propage jusqu'aux parotides et maxillaires, dont la sécrétion est d'autant plus grande que le stimulus a été plus fort; voilà pourquoi les épiceries, les aromates, etc. en augmentant la sensibilité de la muqueuse buccale et celle des orifices salivaires, les humeurs sécrétoires abondent en un instant, soit pour faciliter le glissement du bol alimentaire, soit aussi pour émousser la trop vive sensibilité qu'ils ont produite sur les diverses parties avec lesquelles ils ont été en contact. C'est par la même cause que les larmes se répandent sur les joues, que la sécrétion urinaire augmente par l'excitation de la sonde sur les uretères, que la bile pleut dans le duodénum au moment où il reçoit la pâte chymeuse, etc. Je ne vois dans ces phénomènes rien de contraire aux lois physiologiques. (*Voyez* les passions pour les sympathies du moral sur les organes sécréteurs.) Si dans les maladies aiguës l'exhalation ou les sécrétions sont diminuées, c'est que l'organe malade appelant vers lui une plus grande quantité de sang, il s'en empare aux dépens de presque tous les viscères et tissus de l'économie animale. Lorsque la résolution s'opère, la réaction tend à rétablir l'équilibre ; mais comme ce transport général de la matière morbifique se fait souvent d'une manière prompte et soudaine, les exhalations et les sécrétions qui avaient été comme supprimées deviennent beaucoup plus abondantes, et c'est cette même surabondance qui produit la crise de la maladie.

Reins. Un rein enflammé engendre, d'après la remarque de Barthez, des nausées, des vomissemens qui, très-réitérés, peuvent donner lieu à la gastrite. Nous répondrons à cette sympathie, que lorsqu'une inflammation attaque un organe important, l'équilibre est rompu dans toute la machine ; et si le médecin prudent n'a pas l'attention de soumettre au repos l'exercice de tous les viscères, celui qui entrera en action recevra de l'élément fluxionnaire des irradiations sympathiques qui altéreront son tissu. L'homme affecté de néphrite a le siége du mal au rein, la douleur est perçue par le cerveau, la sécrétion urinaire se faisant imparfaitement, le cœur en est informé, il se soulève, plus de sang arrivant aux poumons la respiration s'accélère, les divers principes qui entrent dans la composition de l'urine se trouvant changés ou altérés, la sensibilité de la vessie s'exalte ; si pendant cet orage l'estomac veut digérer, une réaction s'opère du rein au ventricule ; voilà les nausées, les vomissemens. J'ai été témoin à l'Hôtel-Dieu, dans les salles de M. Petit, d'un fait de ce genre.

Un homme de trente-deux ans sortant de faire un bon repas, tombe, en février 1821, vers les onze heures du matin, sur la glace, et le coup porte sur la région du rein droit ;

il y eut douleur néphrétique, pissement de sang, rétraction du testicule, etc. Il vomit, deux heures après l'accident, tout ce qu'il avait mangé; soumis à la diète la plus rigoureuse, il parvint à tromper la vigilance des infirmiers ; aussi tant que dura le travail inflammatoire, il rendait continuellement ses alimens. M. Petit, abusé sur ce symptôme, prescrivit l'émétique ; la gastrite fut le résultat de son erreur, la néphrite persista, et le séjour du malade à l'hôpital fut prolongé de deux mois.

Je ne rapporterai plus ici pourquoi les reins se remplacent dans leurs fonctions, lorsque l'un d'eux est malade. Les émotions vives ont aussi sur leur produit sécrétoire une influence particulière. (*Voyez* l'article Passions.) Si les reins enflammés bouleversent toute l'économie, ils participent à leur tour au trouble général, lorsqu'un autre organe est affecté. Ne soyons pas étonnés que l'urine, dans l'hépatite, soit noire ou bilieuse, lactescente dans le carreau, rouge dans l'aménhorrée, etc., etc. Lorsque les exhalations séreuses, sanguines, purulentes, lactescentes, ne peuvent plus passer par leurs couloirs naturels, elles cherchent à sortir de l'économie par tous les émonctoires qui se trouvent sur leur passage.

Foie. Quel concours d'opinions n'a-t-on pas présenté pour expliquer les relations qui existent entre le cerveau et le foie. M. Bricheteau, en relatant dans le journal complémentaire du *Dictionnaire des Sciences médicales* la sympathie de ces deux organes, n'a fait que multiplier les faits sans les expliquer, et nous sommes, avec lui, restés tranquilles spectateurs des phénomènes de la vitalité.

Pour se rendre raison des lois qui nous régissent, il faut examiner avec une attention toute particulière le corps humain ; il faut se dire que tous les organes n'ont pas la même énergie, la même force, le même développement ; que le tempérament qui nous constitue, indique que tel viscère remplit, dans le corps vivant, ses fonctions avec plus d'énergie qu'un autre ; qu'en conséquence, lorsque nous nous trouverons sous le despotisme de l'un d'eux, il faudra le respecter, obéir à ses lois, sans quoi, en devenant la cause de son altération, nous serons les victimes de ses douleurs. Celui qui a les facultés intellectuelles très-développées, l'esprit brillant, une imagination vive, est bien plus voisin de la manie qu'un cerveau ordinaire. Il en est de même du cœur, des poumons et des autres viscères ; plus ils auront de force et de vigueur, plus aisément ils attireront vers eux tous les principes qui peuvent troubler l'économie. Voyez ce qui se passe dans le tempérament des âges? Dans l'enfance tout est pour le cerveau, à la puberté le thorax, dans la virilité les organes abdominaux. Serons-nous étonnés, dans l'exemple rapporté par M. Bricheteau, qu'un jeune officier, après avoir été insulté et ne pouvant venger l'injure qu'il venait de recevoir, soit devenu ictérique, qu'il ait eu fièvre avec délire, et qu'il soit mort peu d'heures après dans les convulsions? N'est-il pas probable que le foie de cet officier avait augmenté de volume, que ses fonctions devaient se remplir avec plus d'énergie, que par cela même il a dû attirer sur lui toute la réaction cérébrale, et que le produit biliaire se trouvant tout à coup triplé ou quadruplé, les exhalans l'ont présenté par les couloirs où il pouvait avoir une issue, tels que la peau, les reins, les muqueuses, etc.

Les coups, les chutes, les plaies cérébrales ne peuvent-elles pas, comme les affections morales, déterminer sur le foie les mêmes phénomènes pathologiques? Ne les voit-on pas arriver à l'époque où le tempérament hépatique exerce sur le corps tout son empire? N'arrivent-ils pas de préférence chez ces hommes qui sont réputés bilieux? D'où vient, s'il existe entre le cerveau et l'organe sécréteur de la bile un lien particulier, qu'ils ne s'influencent pas toujours d'une manière réciproque? Pourquoi la sympathie n'exercerait-elle pas constamment son action? Parce que c'est un mot magique qui n'exprime rien; et tant que l'usage le conservera, nous resterons toujours ignorans sur les phénomènes qui se passent dans l'économie.

Un des symptômes ordinaires attachés à l'hépatite, est la douleur de l'épaule droite. Parmi plusieurs malades qui ont éprouvé cette affection, et que j'ai observés dans les services de MM. Renauldin, Chomel et Recamier, la douleur sympathique à l'épaule ne s'est présentée que deux fois à mes recherches. Chez l'un j'appris, en l'interrogeant, qu'il avait subi trois traitemens pour la syphilis, et l'examen de la clavicule droite m'offrit un exostose près de son extrémité scapulaire. Le deuxième était un porte-faix qui, en soulevant des fardeaux, avait ressenti à l'épaule droite une espèce de brisement, qui lui fit croire que le bras était luxé; M. Boyer, à la consultation duquel il se présenta, le détrompa, et à l'aide des cataplasmes et embrocations qui lui furent conseillés, son indisposition se dissipa, en conservant cependant un sentiment de faiblesse et de lassitude dans la partie malade. Deux mois après, atteint d'hépatite avec ictère, il arriva aux salles de M. Chomel, et me donna tous les renseignemens ci-dessus, qui viennent à l'appui de mes recherches sur le prétendu siége des sympathies. Quoique la physiologie soit le principal guide de mon travail, je ne rejette pas complétement l'influence nerveuse sur la production de beaucoup de phénomènes. Ainsi la douleur de l'épaule droite dans l'hépatite pourrait être occasionée par les tiraillemens que peut exercer le foie sur le diaphragme, de là aux intercostaux, au grand pectoral, à tous les muscles inspirateurs; et comme la plupart d'entre eux prennent leur point fixe à la clavicule et à l'omoplate, les filets nerveux de l'axillaire, du plexus brachial, des dorsaux qui leur correspondent, éprouveront une excitation qui exaltera leur sensibilité.

Pour que la bile puisse remplir le but de la nature, il faut qu'elle soit dans le corps toujours dans les mêmes proportions. Sa quantité est nuisible : épanchée dans nos tissus, elle peut les irriter, les enflammer, et altérer leur mode d'action ; si sa sécrétion se trouve presque supprimée, comme cela arrive dans l'hépatite aiguë, les alimens ne seront plus pénétrés par elle, la digestion sera viciée, la nutrition en souffrira, et de ce dérangement s'ensuivront mille sympathies qui se déclareront sur les organes les plus accessibles aux principes morbifiques. (*Voy.* les symp. de l'estomac.)

Les exemples suivans sont encore des preuves ajoutées à celles que j'ai déjà rapportées, que tous les chocs portés sur la machine vont ébranler l'organe primitivement affecté.

Un jeune homme de dix-huit ans était venu de la Picardie, sa province, pour servir en qualité de domestique dans un hôtel de Paris ; il éprouva dans cette maison plusieurs contrariétés qui l'avaient conduit à regretter son pays natal ; son humeur gaie et joviale se changea en mélancolie. Etant entré avec des souliers neufs dans une chambre parquetée et nouvellement cirée, il tombe et se fait une contusion à l'hypocondre droit ; envoyé à l'Hôtel-Dieu dans les salles de M. Recamier, à part les symptômes propres à caractériser l'inflammation du foie, il eut délire, convulsions. Les moyens que ce savant praticien mit en usage eurent dans huit jours fait avorter la maladie, mais il resta cependant une propension vers l'hypocondrie.

Une femme de dix-neuf ans, dans les salles de M. Petit, était en convalescence d'une métrite

assez intense qu'elle avait eue à la suite d'un ac-
couchement laborieux, lorsqu'en se promenant
dans son dortoir, elle reçoit le choc, à la région
du foie, d'une petite boule qu'un jeune enfant
venait de lancer. La douleur vive, prompte et
inattendue, la faiblesse où elle se trouvait, lui
donnèrent presque aussitôt une syncope : l'hépatite se déclara, mais les principaux symptômes
se tournèrent vers l'utérus, qui devint, par ce
second accident, plus malade qu'il n'avait été
auparavant. Il fallut encore un mois de soins
bien assidus pour la rendre à la santé.

Un troisième exemple est celui d'un homme
de trente-cinq ans, qui était sujet à des palpitations, qui devinrent beaucoup plus fortes et plus
fréquentes à la suite d'une chute qui porta sur
le foie et qui détermina son inflammation.

Sympathies des organes génitaux.

L'époque de la puberté est l'âge où chaque
sexe prend dans l'organisation de son corps les
attributs qui lui appartiennent et qui servent à
le caractériser. L'homme devient homme ; sa
peau se condense, la barbe pousse, la saillie des
muscles se prononce à travers les tégumens, les
poils recouvrent la poitrine et les membres, la
verge s'allonge, grossit, l'ouverture de la glotte

est agrandie, elle se trouve en quelque sorte dou-
blée ; et la voix change. Chez la femme, la peau
est remarquable par sa finesse, la poitrine s'é-
lève, les mamelles se gonflent, le mamelon
s'allonge et rougit, les parties génitales entrent
dans les proportions qui leur conviennent, la
menstruation s'établit ; le larynx chez elle
offre peu de différence de ce qu'il était avant la
puberté ; aussi la voix est-elle plus douce, plus
agréable, plus claire et comme argentine. Une
révolution qui opère tant de changemens dans
l'économie, a dû nécessairement fixer l'attention de tous les praticiens qui, jaloux de pénétrer tous les secrets de la nature, n'ont pas
manqué de faire des recherches qui les missent
dans le cas de se rendre compte de tous les
phénomènes qui signalent la puberté. Mais
parce qu'ils n'ont pas trouvé à la faveur du
scalpel le lien qui unit les organes génitaux au
larynx, aux mamelles et aux poumons, ils ont
délaissé leurs travaux, et se sont contentés de
dire que ces parties n'étaient unies entre elles
que par sympathie. Voyons si avec le flambeau
de la physiologie, je serai plus heureux que mes
devanciers.

La nature en construisant l'édifice du corps
humain, n'a pas voulu que les viscères fussent

tous indépendans les uns des autres; au contraire, pour assurer l'exercice de nos fonctions, elle les a liés par des rapports assez intimes. Ainsi elle a voulu que le cerveau eût sous sa dépendance les sens et les organes de la locomotion, que les artères obéissent au cœur, que le cervelet mît en jeu les parties génitales, etc. Partant de ce principe, et voyant que les mamelles entrent en action en même temps que les parties génitales, nous pouvons bien croire qu'elles sont influencées par elles. En effet, pendant le coït, la menstruation, la grossesse, elles éprouvent une espèce de turgescence; réciproquement, si on excite le mamelon de la femme, elle ressent des désirs vénériens. Dès que l'utérus cesse d'exister, les mamelles deviennent molles, flasques, pendantes, et se flétrissent en quelque sorte. Plus de doute qu'il n'y ait entre ces parties un accord mutuel; ce qui le prouve encore, ce sont les maladies : et remarquez que parmi les troubles qui signalent une affection pathologique, l'organe qui est altéré dérange d'abord les fonctions de celui qu'il tient sous ses lois. Si l'on fait une blessure au cervelet, on verra bien plutôt survenir un priapisme qu'une gastrite. Les muscles obéissent aux diverses altérations de l'encéphale, le foie suit les dérangemens de l'estomac, etc.; de même, les affections sans nombre de l'utérus sont suivies de prurit, picotement et gonflement des mamelles. Considérons la sympathie du sein à la matrice, comme basée sur un lien physiologique; ces parties naissent ensemble, travaillent simultanément, se transmettent leurs maladies, comme le font tous les organes que j'ai mentionnés ci-dessus.

Sans chercher à pénétrer quel a été le but de la nature en établissant la menstruation, il est démontré que cette fonction sert à établir l'équilibre dans l'organisation de la femme. On sait tous les troubles qui sont la suite de son augmentation, sa diminution, sa dépravation et sa suppression. S'il y a aménhorrée, ce sang qui doit s'écouler périodiquement des parties génitales, rentre dans le torrent de la circulation, et déterminera, suivant le tempérament ou les prédispositions organiques, l'hémoptysie, pleurésie, gastrite, affection cérébrale, etc., etc. Les exemples cités par les auteurs qui ont vu dans l'aménhorrée le sang s'échapper par les yeux, le nez, les oreilles, les pores cutanés, prouvent qu'il cherche dans le corps toutes les issues qui peuvent lui ouvrir un passage.

J'ai démontré dans le chapitre précédent, que la matrice tenait sous ses dépendances les mamelles, je dirai plus; les parties génitales étant l'attribut spécial de l'un et l'autre sexe, formant en quelque sorte, par leur développement, l'homme ou la femme, si on les mutile à l'époque de la puberté, tous les changemens qui doivent s'opérer dans l'économie disparaissent, le larynx garde ses dimensions, les poils restent en duvet, la peau conserve sa finesse; enfin le garçon reste enfant, et cela par une cause purement physiologique. C'est qu'en faisant l'ablation des testicules on prive nos humeurs, nos solides d'être empreints de cette liqueur prolifique qui donne à l'homme tous ses attributs. La fille ne pouvant se débarrasser par la menstruation de divers principes renfermés dans le sang, ceux-ci rentrent dans les voies circulatoires et augmentent, en se combinant avec les organes, l'action des solides. La femme devient plus forte, plus vigoureuse, et prend enfin sous la robe qui la couvre toute l'apparence et l'apanage du mâle (1).

Je n'ai vu que dans les deux cas suivans, l'engorgement des testicules suivi de celui des glandes du cou.

(1) On sait que l'ablation des ovaires entraîne la suppression menstruelle.

Un jeune homme de vingt-cinq ans était entré à la Charité pour un engorgement au testicule droit ; s'étant exposé à l'impression d'un air froid sans cravate, les glandes du cou se tuméfièrent. Ce phénomène, joint à son tempérament qui était un peu lymphatique, m'en imposa au premier abord pour une affection scrofuleuse ; mais le malade me détrompa en me disant que ce n'était qu'une fluxion, et que le même accident lui arrivait par la même cause pour la troisième fois.

Un porte-faix est conduit à Beaujon pour une céphalite assez intense, qui avait le caractère de la fièvre ataxique. Le lendemain de son entrée, la parotide gauche s'engorgea, et deux jours après le testicule correspondant ; le malade ne pouvant me donner des renseignemens, j'étais très-embarrassé de me rendre compte comment la tuméfaction du testicule était survenue ; heureusement M. Renauldin (1), plein de sagacité et d'instruction, combattit victorieusement le mal, et je pus savoir que notre porte-faix avait un écoulement blennhorragique qui s'était ar-

(1) Qu'il me soit permis de témoigner publiquement ma gratitude envers mon ancien maître, aussi recommandable par les qualités du cœur que par ses vastes et profondes connaissances médicales.

rêté au moment où la céphalite s'était déclarée, et qu'il y avait eu ce qu'on appelle chaude-pisse descendue dans les bourses : aussi dès que l'écoulement eût reparu, le testicule reprit son état sain.

Celui qui est livré à l'onanisme a, dit-on, souvent besoin de manger. L'explication en est toute simple; plus on dépense, plus on active la nutrition; plus on exerce le corps, plus on sent la nécessité de réparer les pertes que l'on a faites. Si nous n'avions le plus ordinairement la faculté d'augmenter ou d'accroître le produit nutritif, la moindre course, le moindre exercice en diminuant nos forces, nous ferait tomber dans un excès de faiblesse qui nous rendrait malades. Aussi si l'on ne ménage l'action de l'estomac, il finira lui-même par s'irriter ou s'affaiblir, ce qui déterminera des gastrites, des gastro-entérites, et le cortége de tous les symptômes qui en sont le résultat.

Si avec M. Georget on s'accorde à placer le siége de l'hystérie au cerveau, nous verrons sans nous étonner ce globe qui part de l'hypogastre, traverse l'abdomen et la poitrine, s'élève jusqu'au cou, et se transforme en une sensation de constriction. Nous verrons sans surprise les convulsions, le hoquet, etc., parce que nous savons

que tous ces phénomènes dépendent d'une altération de l'encéphale. On sait parfaitement que
si on adresse le traitement à l'utérus, on obtient
rarement du succès; mais si on le dirige au cerveau, on a le double avantage de triompher du
mal et de s'assurer par-là du siége spécial de la
maladie.

Une jeune Normande était depuis cinq mois
en proie à l'hystérie dans l'hôpital Beaujon, la
visite d'un frère qu'elle chérissait et qu'elle n'a-
vait vu depuis long-temps fit disparaître ses accès.
La malade recouvra toutes ses forces et sa première vigueur.

Je ne nierai pas cependant que, dans bien
des circonstances, l'hystérie ne soit l'effet d'une
affection utérine ou dérangement des menstrues. Dans le premier cas, on verra que c'est
une femme qui ne peut satisfaire les penchans
attachés à son sexe. Où réside l'amour? au cervelet. Dans le deuxième il y a aménhorrée,
le flux menstruel arrive au cerveau, altère ses
fonctions, de manière qu'il est toujours, ou lui
ou ses dépendances, siége spécial de l'hystérie.

J'ai déjà indiqué un grand nombre de fois,
dans le cours de cet ouvrage, que lorsqu'une
fluxion s'établit sur un organe quelconque, la
réaction, qui est le résultat ordinaire de toutes

les inflammations , se portera de préférence sur le viscère qui sera en exercice : ainsi la métrite fera vomir si l'on mange , produira la céphalalgie si on occupe le cerveau , la toux augmentera s'il y avait déjà dérangement dans l'action pulmonaire.

Sympathies des poumons.

Plus les rapports d'un organe sont étendus et multipliés, plus ses lésions sont fréquentes. Les poumons, chargés de convertir le chyle en sang, appartiennent à la digestion ; pour opérer ce grand travail de l'économie, ils puisent dans l'air les élémens qui leur conviennent par un mouvement particulier appelé inspiration : l'expiration est le phénomène opposé qui renvoie la portion d'air devenue inutile. Les agens actifs de la respiration sont les muscles, qui, comme je l'ai dit, ne font qu'obéir à l'action cérébrale. On voit par-là que les poumons liés par leurs fonctions au cœur, à la digestion, à l'air et au cerveau, peuvent à chaque instant recevoir ou transmettre les germes des altérations dont ils sont si souvent le siége. La pratique confirme tous les jours ce que j'avance. Que de catarrhes, de péripneumonies, dont les causes dépendent des variations de l'atmosphère ! Que de toux que l'on dit stomacales et qui sont l'effet d'un chyle vicié ou mal digéré ! Les suffocations sans nombre que l'on remarque journellement dans les hôpitaux, ne doivent-elles pas leurs causes à l'hypertrophie du cœur, à l'ossification de ses valvules, etc. ? Lorsque le cerveau manifeste ses souffrances par la contraction des muscles locomoteurs, ne peut-il pas également la faire connaître par ceux qui forment les parois pectorales? Lorsque le nerf diaphragmatique ou autres nerfs respirateurs sont paralysés, ne voit-on pas tout à coup la respiration s'éteindre? Aurons-nous toujours recours à la sympathie pour expliquer tous les dérangemens pulmonaires qui surviendront dans les gastrites, les palpitations, les commotions et épanchemens cérébraux? Est-ce une sympathie lorsqu'une cause mécanique empêchera la dilatation du thorax comme on le voit fréquemment à la suite de la grossesse, de l'hydropisie ascite, des ovaires, dans l'hypertrophie du foie? Est-ce une sympathie la toux qui se déclare dans les vomissemens par le tiraillement et la contraction du diaphragme?

On est étonné dans la péripneumonie de voir le malade se plaindre d'anxiété, de malaise, de douleurs de tête, d'avoir des vomissemens;

comme si un organe enflammé pouvait remplir ses fonctions comme il le fait dans son état normal. Le poumon exalté dans ses propriétés pourra-t-il oxigéner le sang de la même manière? pourra-t-il faire choix dans l'air des élémens qui lui sont nécessaires? La sanguification sera-t-elle aussi parfaite que dans l'état sain? non; cela est impossible. Ainsi, d'une part, si le sang excite trop ou imparfaitement, si le chyle n'a pas été combiné avec lui dans les proportions convenables, toute la machine en souffrira, et l'organe le plus faible, le plus sensible sera le premier altéré.

J'ai indiqué, en traitant des rapports cutanés, pourquoi les pommettes sont colorées chez les phthisiques; j'ai encore à ajouter ici pourquoi dans cette maladie on a tant de propension à l'acte coïtal. Cette chaleur de la paume des mains, cette rougeur faciale, n'indiquent-elles pas que le sang, sortant d'un foyer d'irritation, a augmenté sa température; l'exaltation de l'imagination, ces mouvemens emportés, ce caractère vif, bouillant, impétueux que la plupart des phthisiques manifestent à la moindre contrariété, ne prouvent-ils pas que le cerveau participe à la fluxion pulmonaire? Ces sensations voluptueuses, l'érection de la verge ne démontrent-elles pas également que les fonctions du cervelet sont exaltées?

On remarque quelquefois dans la même maladie des abcès à la marge de l'anus. Sera-t-il bien difficile de supposer qu'un individu qui reste cloué pendant plusieurs mois dans son lit, gardant presque toujours une situation horizontale, consumé par la toux, des crachats purulens, une moiteur continuelle et le dévoiement, ait des abcès à la marge de l'anus? Ce phénomène ne se présente-t-il pas dans toutes les affections chroniques où il y a prostration de forces? Cet abcès, considéré comme un bienfait de la nature, n'agit-il pas à titre de révulsif? n'opère-t-il pas de la même manière qu'un vésicatoire? Lorsque la matrice remplie du produit de la conception retarde les progrès de la phthisie, ne fait-elle pas l'office d'un véritable exutoire? Ne voit-on pas qu'il y a ici deux foyers d'irritation, et que le cours des humeurs se trouvant divisé, le viscère malade étant moins oppressé par l'abord des fluides, arrive plus lentement à la destruction de son tissu?

Membranes séreuses.

Arachnoïde. L'arachnoïde, vu sa finesse, sa ténuité et les prolongemens qu'elle envoie sur tous les points de l'encéphale, ne peut être enflammée sans transmettre son irritation sur toutes les parties du cerveau, de manière que tous les symptômes secondaires seront liés à son altération : on connaît tous les troubles idiopathiques qui sont l'effet de sa turgescence vitale, aussi je me dispense de les énumérer. Je m'arrêterai seulement à l'arachnitis ou encéphalite, qui dépend de la pleurésie ou péripneumonie. J'ai rappelé plusieurs fois l'attention de mon lecteur sur cette maxime, que lorsqu'un organe important est malade, il ne doit pas lui seul captiver l'attention et les soins du médecin, il faut qu'il les porte à tous les autres viscères, sans quoi le moindre travail, la moindre secousse, les fait participer à l'altération de leur congénère, ou bien ils s'empareront de tout l'élément fluxionnaire qui régnait sur lui, et on dira que l'inflammation est avortée par métastase. Voici un exemple qui le confirme.

Un chaudronnier de 54 ans, homme fort et vigoureux, est apporté à l'hôpital Beaujon pour un point pleurétique du côté droit, envahissant le poumon correspondant. Les saignées, les sangsues, les boissons adoucissantes opérèrent en peu de jours une détente assez favorable, il ne restait plus qu'un peu de toux et quelques stries sanguinolentes dans les crachats, lorsque la visite imprévue d'un parent avec lequel il était en froideur, occasiona un trouble dans les facultés intellectuelles accompagné de délire, de mouvemens convulsifs, et de soubresauts des tendons; les crachats reprennent leur couleur naturelle, le malade se tourne en tout sens (ce qu'il ne pouvait faire avant l'accident), l'agitation cérébrale continue, et il expire. Les méninges étaient très-injectées, trois onces de sang dans les ventricules latéraux, le thorax et l'abdomen étaient sains.

Plèvre. Si quelques opérés meurent pleurétiques, on doit le rapporter à l'âge où ils ont été mutilés. En effet, la plupart des amputations se pratiquent sur des sujets de quinze à vingt-cinq ans; on sait qu'à cette époque les poumons et les plèvres ont par leur développement une prépondérance sur les autres organes; qu'en conséquence, le sang qui se portait vers le membre amputé refluera davantage sur eux que sur les autres parties de l'économie; d'un autre côté, ayant plus d'aptitude à être affectés, le moindre oubli, le moindre froid, le moindre courant d'air suffiront pour les irriter et les enflammer.

Péricarde. Je ne dirai rien de particulier sur l'inflammation du péricarde; lorsque nous aurons des données positives sur son mode d'affection, nous rechercherons l'explication de ses phénomènes sympathiques.

Péritoine. Si l'arachnoïde enflammée produit des symptômes cérébraux, la pleurésie des accidens pulmonaires, pourquoi n'en sera-t-il pas de même du péritoine ? Ici les résultats ne seront pas tout-à-fait les mêmes; comme cette vaste membrane recouvre des organes d'un tissu différent, il y aura tour à tour gastrite, hépatite, néphrite, etc. suivant la partie péritonéale excitée et le viscère subjacent qui lui correspondra. La peau et les muscles qui tapissent également le péritoine, participeront aussi à son irritation. Quant aux autres parties plus éloignées qui souffriront sympathiquement, leur explication remonte à la théorie de l'inflammation des autres tissus.

Le péritoine tapissant les reins antérieurement, il peut dans la néphrite participer à leur inflammation et devenir le siége, comme l'a avancé Barthez, d'un mouvement tonique qui fera rétracter les testicules chez l'homme, et le ligament rond chez la femme.

Sympathies pathologiques des membranes muqueuses.

Otite. Ne voulez-vous pas qu'un organe qui

reçoit ses fonctions du cerveau, doive le plus souvent prendre part à son mode d'affection, et
que s'il est lui-même malade, il lui transmette
l'altération dont il sera le siége? Voici la sympathie dont Fabrice de Hilden nous a donné l'histoire. « C'est une fille qui, ayant un globule de
« verre dans l'oreille, éprouva successivement un
« engourdissement au bras gauche, à la main, à la
« cuisse, et à tout le côté; enfin une toux sèche, et
« des attaques d'épilepsie; et tous ces accidens
« ne cessèrent qu'après l'extraction du corps
« étranger. » Pour me convaincre que tous les
phénomènes rapportés étaient du domaine de
la sympathie, j'aurais souhaité que l'autopsie lui
eût montré le cerveau intact, sans quoi je suis
porté à croire qu'il y a eu léger ramollissement
à la couche optique et au corps strié du côté
droit. Ainsi dans cet exemple, la cause du mal
existait à l'oreille, mais l'effet a répondu au cerveau; comme cela arrive lorsque l'apoplexie survient dans l'hypertrophie du cœur, où l'on voit
les organes s'influencer par l'exercice de leurs
fonctions; et où il n'existe d'autres liens que ceux
de la physiologie, sans laquelle la médecine sera
toujours une science incertaine, et hypothétique.

Ophthalmie. Dans l'ophthalmie l'inflammation
se propage sur tous les points du globe oculaire et

se transmet au cerveau par les communications qu'il entretient avec lui, de là le trouble de toutes les parties qui sont sous sa dépendance.

Si l'ophthalmie survient à la suite de la goutte, c'est que quelque cause particulière l'aura déterminée, qu'elle agira sur elle comme un véritable révulsif, c'est-à-dire que les humeurs, les fluides abondent là où il y a irritation, et que l'affection première se trouve comme abandonnée. Que d'ophthalmies reconnaissent pour cause le contact sur les yeux de la matière fournie par les dartres, la blennhorrée, etc.

Coriza. On sait, comme je l'ai déjà rapporté, que depuis que M. Bell a fait connaître l'origine des nerfs qui coordonnent l'action des muscles du thorax dans la respiration, on se rend aisément raison pourquoi lorsque la pituitaire est irritée et qu'il y a éternuement, les muscles intercostaux et abdominaux se contractent sans le secours de la volonté. (*Voyez* l'article diaphragme.)

Angine pharyngée. La membrane muqueuse du pharynx est irritée, ses propriétés vitales sont exaltées, il y a douleur (c'est le cerveau qui la perçoit), tous les capillaires sont injectés, le cœur, pour fournir au centre de fluxion qui s'établit, est obligé de doubler ses contractions (voilà la fièvre). Comme tous les tissus doués de la même vie se transmettent leur altération, il y a dans l'angine pharyngée prédispositions des muqueuses à être malades ; aussi la moindre cause excitante produit l'ophthalmie, le coriza, la gastrite. Les malades étant très-altérés, et les reins ayant plus à travailler, s'excitent aussi, et changent par-là les divers principes qui entrent dans la composition des urines.

Croup laryngé, trachéal et bronchique. Ici les phénomènes physiologiques se rapportent spécialement à la lésion de la respiration, parce que l'élément fluxionnaire siége dans les tuyaux qui sont accessibles à l'air ; ce fluide éprouvant un obstacle en les traversant, on aide sa sortie en contractant avec plus de force les muscles expirateurs.

De la muqueuse génito-urinaire. On nous répète dans tous les ouvrages de pathologie, qu'un calcul dans la vessie produit une démangeaison au bout du gland ; je pense ici que l'irritation se propage tout le long du canal de l'urètre ; et si son extrémité seule est percevable à la douleur, il faut s'en rapporter à la disposition anatomique qui est affectée pour l'origine de toutes les muqueuses. On sait en effet que la buccale, la pituitaire, celle de l'anus, jouissent dans l'état ordinaire d'une plus grande dose de sensibilité; pourquoi n'en serait-il pas de même pour la membrane urétrale? Si ce surcroît de sensibilité échappe à notre perception , c'est qu'elle est émoussée par les corps qui l'impressionnent habituellement , tels que l'air pour la bouche et les fosses nasales , les vêtemens pour l'anus et l'extrémité du gland ; aussi, que quelque cause les excite plus que d'habitude , que quelque cause augmente l'énergie de leurs propriétés vitales , la douleur la plus vive en est le résultat. Les divers agens qui étaient en contact avec elles, et qui restaient sans effet par leur application, deviennent alors de véritables corps étrangers, et accroissent, par leur présence, l'élément fluxionnaire. Le calcul qui est dans la vessie stimule, par sa présence, la muqueuse vésicale ; l'urine, en y séjournant, doit acquérir des qualités plus stimulantes qu'elle charrie et qu'elle dépose dans son trajet, en traversant le conduit qui les expulse ; le gland, comme plus sensible, doit évidemment manifester ses souffrances d'une manière plus vive que le reste du canal ; ce qui confirme la maxime du père de la médecine, qui dit : *Duobus doloribus simul obortis , vehementior obscurat alterum.*

Une simple cloison séparant la vessie du

rectum, ils s'impressionneront mutuellement, lorsque l'un et l'autre éprouveront des obstacles à expulser leurs matières.

Un corps froid appliqué aux pieds ne réveille l'envie d'uriner que lorsqu'on a véritablement besoin de rendre les urines ou qu'il existe une affection pathologique à la vessie, alors l'impression produite sur le corps par le froid se fait sentir de préférence à l'organe malade, ou à celui qui est dans l'exercice de ses fonctions.

L'estomac et le canal intestinal travaillant pour le même but et influençant par la même cause l'économie, je ne traiterai que des relations sympathiques de l'estomac.

Sympathies de l'estomac.

Voici le viscère dont la suprématie sur les autres organes a été admise dès les temps les plus reculés. Que de noms célèbres dans la science se rattachent à son histoire! Hippocrate, Galien, Vanhelmont, Scréta, Baglivi, Etmuller, Réga, Lacaze, Buffon, Bordeu, Barthez, et de nos jours, MM. Broussais, Canolle, Prost, Miller et autres ont reconnu toute l'importance qu'exerce le premier organe de la digestion sur la machine, et l'ont appelé le *roi des viscères*.

Quelque grand que soit le respect que m'inspire le nom de M. Broussais, je ne partage pas son opinion de considérer l'estomac comme le foyer exclusif des sympathies; je crois avoir démontré dans le cours de cet ouvrage, que tous les organes sont également importans à l'entretien de la vie, qu'ils sont liés les uns aux autres par l'exercice de leurs fonctions, et que c'est à leur étude que sont attachées la connoissance et l'explication de toutes les connexions organiques.

C'est à l'estomac à qui la nature a confié le soin de réparer les pertes que nous faisons habituellement, c'est lui qui prépare le chyle, c'est lui qui nous nourrit : c'est donc par l'importance de ses fonctions qu'il tient sous ses lois toute l'économie animale : voilà en deux mots l'explication de tous les rapports qui le lient à l'organisme. Dès qu'un obstacle quelconque, physique, chimique ou vital l'empêchera d'agir, plus de nutrition, et les organes ne recevant plus les principes qui doivent les réparer, s'irriteront, se fâcheront, manifesteront enfin leurs souffrances par l'exaltation de leurs propriétés; si la plainte formée par les viscères n'est pas tout à coup générale, il faut s'en rapporter aux variations qu'ils présentent dans leur structure, leur organisation, et notamment

leur sensibilité ; et comme c'est le cerveau qui
en est le plus pourvu, il est le premier à expri-
mer sa douleur : j'ajouterai de plus que la souffrance qu'il éprouve a son siége principal dans ses
lobes antérieurs, ce qui constitue la douleur
sus-orbitaire de l'embarras gastrique. Voici les
preuves sur lesquelles j'appuie mon opinion.

Un homme de vingt-huit ans, dans les salles
de M. Petit, avait tous les symptômes de la saburre stomacale ; mais au lieu d'offrir la douleur sus-orbitaire, il la rapportait à la protubérance pariétale gauche ; le questionnant pour
savoir la cause de ce phénomène, il me dit
qu'à 24 ans il avait fait une chute sur cette
partie, et depuis il croyait qu'elle était devenue
plus sensible.

Une femme de 18 ans, placée pour la même
maladie au service de M. Récamier, rapportait
la douleur à la tempe droite, parce qu'un petit
enfant lui avait fait une contusion trois mois
avant son entrée à l'hôpital.

J'ai vu à Beaujon deux autres malades de ce
genre qui accusaient leur souffrance, l'un près
de la protubérance occipitale, et l'autre au sin-
ciput pour des causes analogues à celles des
malades précédens.

On voit par ces faits que la douleur sus-orbi-

taire symptomatique de la saburre gastrique n'a
son siége ordinaire que dans cette partie ; parce
que vraisemblablement elle a par son organisation
un surcroît de sensibilité, puisque les autres endroits du cerveau qui avaient été lésés, et qui
pathologiquement étaient devenus plus impres-
sionnables, étaient ceux-là même qui avaient été
en souffrance.

Ainsi donc, si lors de la saburre stomacale,
le cerveau éprouve de la douleur, c'est qu'il se
plaint de ne pas recevoir les matériaux de sa
nutrition. Dans la faim, il est également le premier affecté ; c'est même à cette connexion physiologique qu'il faut rapporter cet adage vulgaire :
Le mal de tête a faim, le mal de tête veut manger,
et que la douleur disparaît en satisfaisant aux besoins de l'estomac. Le cerveau malade, ses dépendances le deviennent ; voilà les pesanteurs
dans les membres et les articulations, les éblouis-
semens, les tintemens d'oreille, etc., etc. La
langue offre ordinairement la couleur de la matière des sécrétions des viscères qui sont affectés.
Dans l'ictère, nous la voyons jaunâtre, parce
que les vaisseaux absorbans déposent sur tous
les points de l'économie l'excédant du fluide
biliaire ; lorsque les urines sont supprimées, les
malades ont une saveur urineuse. J'ai vu à la

Charité une femme qui avait une suppression menstruelle, la langue avait la couleur de l'écarlate, et on aurait dit que les menstrues allaient choisir cet émonctoire pour sortir. Ce suc laiteux, dont la surabondance caractérise l'embarras gastrique, veut, à la manière de la bile, de l'urine se faire jour à travers nos parties, les absorbans le charrient sur tous les points de l'économie, ce qui rend la peau pâle, la langue blanchâtre, et toutes les muqueuses offrent à peu près le même aspect. Dans toutes les inflammations la langue est rouge parce que tout le corps est dans un état de sur-excitation vitale; ainsi les divers caractères pathologiques qu'elle présente dans le cours de nos affections sont subordonnés à sa structure, ses usages et ses relations avec l'encéphale. Elle est, dans le premier cas, soumise aux diverses altérations des muqueuses, aux variations circulatoires; dans le deuxième, elle transmet au cerveau les diverses sensations qu'elle éprouve par les divers corps qu'on lui applique; et, dans le troisième, elle obéit par les muscles qui entrent dans sa composition, aux divers troubles cérébraux.

Lorsque la digestion s'opère, il y a pesanteur de tête, tendance au sommeil, frisson léger à la peau, pouls fébrile. Il est certain que lorsque les alimens sont dans l'estomac, il se convertit en un centre de fluxion qui appelle vers lui une plus grande quantité de sang ; aussi les viscères se trouvant abandonnés de leur excitant naturel, tombent dans l'inaction et la faiblesse ; la tête s'engourdit, il y a propension au sommeil, la respiration est un peu gênée, le pouls plus faible, la peau plus froide. Une fois la digestion achevée, le chyle active la circulation et avec elle tout l'organisme.

La gastrite doit produire deux ordres de phénomènes. Le premier est celui qui est ordinaire à toutes les inflammations, et le second est relatif à la nutrition : aussi le sujet qui est dévoré par une gastrite est tout à coup anéanti ; ses forces sont épuisées, et il arrive en peu de temps au dernier degré de marasme. Les variétés sans nombre que peut présenter l'irritation stomacale se rapportent à l'âge, au sexe, au tempérament, à la force et à la faiblesse des organes : ainsi, quoique dans l'état ordinaire il y ait douleur sus-orbitaire dans l'embarras gastrique, si l'individu a été auparavant en proie à une métrite, à une pleurésie ou hépatite, ce sont ces viscères qui souffriront non pas sympathiquement, mais parce que la nutrition ne s'opérant pas, ce serait la sensibilité de l'organe le plus faible qui se réveillerait la première.

Depuis que les expériences ingénieuses de M. Magendie ont prouvé que les muscles abdominaux et le diaphragme étaient la cause du vomissement, nous ne serons plus étonnés de le voir survenir dans toutes les circonstances où la sensibilité cérébrale sera soulevée; au lieu de chercher à ramener le calme et le repos dans l'estomac qui regorge tout ce qui est dans son intérieur, on fera la médecine morale en rétablissant l'équilibre dans les facultés intellectuelles. Le vomissement se déclare toutes les fois que le cerveau perçoit une impression qui exalte ses facultés, soit que cette impression lui soit transmise ou par les sens extérieurs ou par une sensation intérieure, n'importe son siége. Voilà pourquoi nous pouvons vomir indistinctement, que l'estomac soit sain ou malade. Il n'y a pas plus de sympathie dans ce phénomène qu'entre le battement du cœur et celui d'une artère; je ne cesserai de le répéter, les sympathies n'ont lieu que par les organes et les fonctions auxquelles ils président. Tous ont des agens de transmission; ces agens sont pour le cerveau les nerfs, pour le cœur les vaisseaux, pour la respiration la sanguification et la calorification, pour l'estomac et les instestins le chyle ou la nutrition.

Terminons tout ce qui nous reste à dire sur les sympathies, par la solution de la question suivante :

Comment les médicamens reçus dans l'estomac peuvent-ils transmettre sur les divers points de l'économie les vertus ou propriétés dont ils sont doués?

Au lieu de croire que les substances médicamenteuses adressées à l'estomac transmettent aux organes par voie de sympathie les vertus dont elles sont douées, n'est-il pas plus rationnel de penser que du ventricule elles arrivent comme le chyle dans les voies circulatoires? Mêlées avec le sang, ne s'abouchent-elles pas dans toutes les parties du corps? Et si elles s'arrêtent sur tel viscère plutôt que sur tel autre, n'est-ce pas en vertu d'une force, d'une attraction, d'une affinité particulière? Pourrait-on autrement expliquer pourquoi le foie puise dans la circulation les élémens de la bile, les reins ceux de l'urine, les parotides ceux de la salive? A-t-on toujours besoin de l'estomac pour opérer les effets des médicamens? a-t-il d'autre but à remplir que de les faire parvenir par voie d'absorption au réservoir général? N'est-ce pas par

elle que le mercure arrive aux salivaires, la di-
gitale au cœur, l'opium au cerveau? La peau
et les muqueuses ne servent-elles pas journellement de voie de transmission à nos moyens
thérapeutiques? Si pour satisfaire à la même
indication, l'estomac a fixé le choix des praticiens, c'est par la facilité que l'on a d'y ingérer
les médicamens ; mais ne croyez pas que ce
soit à cause de ses rapports sympathiques.

C'est impossible d'expliquer autrement que
par l'absorption les effets des sudorifiques, des
sédatifs, des fébrifuges, de certains poisons, etc.
Si des personnes rejettent par le vomissement
le quinquina, le muriate d'antimoine, quelque
temps après leur injection dans le ventricule,
et que les phénomènes généraux propres à l'action de ces médicamens se soient déjà manifes-
tés, c'est que leurs principes étaient déjà combi-
nés dans le sang : on sait que pour que la fécon-
dation ait lieu, elle n'a besoin que du souffle ou
de l'esprit séminal. On rapporte que d'autres
personnes à qui on avait administré un grain
d'opium, jouirent pendant un certain temps
d'un sommeil profond et paisible, et rendirent
sans effort à leur réveil, en entier, le grain
l'opium. Il faut ici considérer que les rudimens
lu cerveau existent dans l'estomac à la faveur

d pneumo-gastrique, et que l'action stupéfiante de l'opium a dû lui arriver directement par cette communication nerveuse.

Comme c'est aujourd'hui un point de physiologie généralement reconnu, que la plupart des médicamens n'agissent que par voie d'absorption, nous n'avons pas besoin de l'influence sympathique de l'estomac pour expliquer les divers effets qu'ils produisent sur le corps.

CONCLUSION.

Les sympathies offrent tant de nuances, tant de variétés, sous le rapport des âges, des sexes, des tempéramens, qu'il serait presque impossible de leur assigner un ordre classique ; je pense cependant qu'on peut en général les rapporter aux propositions suivantes.

1° Le corps humain peut être considéré comme une république où tous les organes qui le composent tendent à un but commun, c'est-à-dire à sa conservation. Groupés de deux en deux, de trois à trois, de quatre à quatre ; ils forment par leur ensemble la réunion de plusieurs fonctions, à chacune desquelles préside un viscère quelconque ; celui-ci tient sous ses lois d'autres parties qui sont en quelque sorte les instrumens de ses volontés. C'est ainsi que l'on voit les sens, les muscles liés au cerveau, les parties génitales au cervelet, les mamelles à l'utérus, la vessie aux reins, etc. Ces divers leviers de la machine ne font en quelque sorte qu'obéir aux divers organes desquels ils dépendent, et partageront nécessairement tous les troubles morbifiques dont ils seront le siége. Le cerveau irrité manifestera ses souffrances par des convulsions, des tintemens d'oreille ; si c'est le cervelet, il y aura désirs vénériens, satyriasis ; gonflement des mamelles, titillation au mamelon, dans les diverses affections de l'utérus, etc. D'où l'on peut conclure qu'un viscère malade, avant d'influencer les diverses parties de l'organisme, attaquera d'abord celles qui sont sous ses dépendances immédiates.

2° Les organes qui se ressemblent ou qui sont à peu près composés des mêmes élémens, s'influenceront dans l'état de santé, comme dans l'état pathologique ; tel qu'on le voit pour les nerfs, les poumons, les reins, la peau, et les muqueuses, les séreuses entre elles.

5° *Ubi stimulus, ibi fluxus.* Presque toutes les sympathies se rapportent à cet adage du père de la médecine. Voilà pourquoi elles n'ont offert à l'étude du médecin que chaos, confusion. Cette maxime renverse en effet l'ordre le plus méthodique que l'on mettrait à les classer. Qu'un homme ayant un foie plus volumineux que d'ordinaire reçoive un coup à la tête ; eh bien ! au lieu des symptômes cérébraux, vous aurez des accidens hépatiques ; si c'est un enfant et qu'il ait éprouvé une contusion à la jambe, vous aurez bien plus à redouter l'influence cérébrale, que celle de tous les autres organes.

En voilà sans doute assez pour prouver que la sympathie n'est autre chose qu'un lien physiologique, à l'aide duquel on peut expliquer, calculer, et prévoir les anomalies sans nombre qui se présentent dans l'économie animale pendant le cours de nos maladies.

FIN.

TABLE DES MATIÈRES

Contenues dans ce volume.

2
2
3
2
3
8
9
1
3
5
0
8

1
3
1
4

4
15
36
d.
37
d.
39

96
98

www.ingramcontent.com/pod-product-compliance
Lightning Source LLC
Chambersburg PA
CBHW061242060726
47596CB00002B/398